Entwicklung neuer Ansätze zum nachhaltigen Planen und Bauen

Deutschland hat sich zum Ziel gesetzt, dass bis zur Mitte des 21. Jh. der Gebäudebestand, der durch Herstellung und Nutzung für einen Großteil aller Treibhausgasemissionen ursächlich ist, nahezu klimaneutral sein soll. Aber auch die Schonung vorhandener Ressourcen, das Schaffen einer circular economy und die Verankerung der Prinzipien Effizienz, Konsistenz und Suffizienz beim Planen, Errichten, Nutzen und Zurückbauen unserer bebauten Umwelt sind der Anspruch, dem die Akteure des Bauwesens gerecht werden müssen.

Wichtige Projektentscheidungen werden häufig nicht auf Basis der zu erwartenden Nachhaltigkeit getroffen, sondern zumeist auf Basis ökonomischer Gesichtspunkte (Herstellkosten). Es gilt, alle Beteiligten zu sensibilisieren, dass das in der Herstellung günstigste Bauwerk selten das wirtschaftlichste oder gar nachhaltigste ist, betrachtet man den gesamten Lebenszyklus. Es ist also sinnvoll, die Nachhaltigkeit von Bauwerken nicht nur zu dokumentieren, sondern wichtige Entscheidungen auf Basis der Nachhaltigkeit zu treffen.

Diese Buchreihe stellt neue Erkenntnisse der angewandten Wissenschaften und Praxis vor, die dazu beitragen sollen, Veränderungen im Markt aufzuzeigen und zu begleiten, hin zu einer nachhaltigen Bauwirtschaft.

Dennis Miklosch

Untersuchung von innovativen Gebäudebegrünungs-systemen unter ökologischen Gesichtspunkten im urbanen Umfeld

Springer Vieweg

Dennis Miklosch
Schifferstadt, Deutschland

ISSN 2948-1007 ISSN 2948-1015 (electronic)
Entwicklung neuer Ansätze zum nachhaltigen Planen und Bauen
ISBN 978-3-658-48658-7 ISBN 978-3-658-48659-4 (eBook)
https://doi.org/10.1007/978-3-658-48659-4

Die Deutsche Nationalbibliothek verzeichnet diese Publikation in der Deutschen Nationalbibliografie; detaillierte bibliografische Daten sind im Internet über https://portal.dnb.de abrufbar.

Springer Vieweg ist ein Imprint der eingetragenen Gesellschaft Springer Fachmedien Wiesbaden GmbH und ist ein Teil von Springer Nature.
Die Anschrift der Gesellschaft ist: Abraham-Lincoln-Str. 46, 65189 Wiesbaden, Germany

Vorwort

Die Bauwirtschaft befindet sich inmitten eines tiefgreifenden Wandels – ein Wandel, der angesichts der drängenden gesellschaftlichen Herausforderungen unumgänglich ist. Studien zeigen, dass etwa 40 % aller CO_2-Emissionen in Deutschland auf die Herstellung, Errichtung, Modernisierung und Nutzung von Wohn- und Nichtwohngebäuden entfallen. Hinzu kommt, dass die Bauwirtschaft branchenübergreifend die meisten Rohstoffe verbraucht und mit über 50 % den größten Anteil am Abfallaufkommen verursacht. Zudem führt die Erschließung neuer Siedlungs- und Verkehrsflächen täglich zu einem Flächenverbrauch von über 50 ha. Diese Zahlen verdeutlichen: Die Bauwirtschaft trägt eine besondere Verantwortung, ihre Prozesse und Produkte nachhaltig zu transformieren.

Mit der Reihe „**Entwicklung neuer Ansätze zum nachhaltigen Planen und Bauen**“ soll diese notwendige Transformation unterstützt werden. Sie bietet Raum für innovative Ideen, Konzepte und Methoden, die von Studierenden der **Dualen Hochschule Baden-Württemberg (DHBW) Mosbach** entwickelt wurden. Dank des dualen Studienmodells verfügen die Autoren bereits während ihrer Studienzeit nicht nur über fundiertes theoretisches Wissen, sondern auch über mehrjährige berufliche Praxiserfahrung in Unternehmen und öffentlichen Verwaltungen. Die vorgestellten Arbeiten sind daher nicht nur theoretisch fundiert, sondern auch hoch praxisrelevant und direkt anwendbar. Ein besonderer Fokus der Reihe liegt auf nachhaltigem Planen und Bauen in all seinen Facetten. Sie betrachtet sämtliche Lebenszyklusphasen von Gebäuden – von der frühen Projektentwicklung über die Bauphase und Nutzung bis hin zum Rückbau sowie der Wiederverwendung, Verwertung oder Entsorgung von Materialien. Dabei werden immer wieder Schnittstellen zu angrenzenden Fachbereichen wie Projektmanagement, Lean Construction oder Building Information Modeling (BIM) aufgegriffen. Ziel ist es, einen fundierten und praxisorientierten Beitrag zur Gestaltung einer zukunftsfähigen Bauwirtschaft zu leisten.

Der vorliegende Band aus der Reihe „**Entwicklung neuer Ansätze zum nachhaltigen Planen und Bauen**“ widmet sich den ökologischen Aspekten innovativer Gebäudebegrünungssysteme im urbanen Umfeld. **Dennis Miklosch** untersucht in seiner Bachelorarbeit praxisnah und fundiert die Potenziale von Dach- und Fassadenbegrünung, um einen Beitrag zur nachhaltigen Stadtentwicklung zu leisten.

Im Fokus der Arbeit stehen die Analyse und der Vergleich der Wirkung von Gebäudebegrünungen hinsichtlich Temperaturregulation, Wasserretention, Lärmminderung, mikroklimatischen Effekten und der positiven Beeinflussung menschlicher Gesundheit und Psyche. Dennis Miklosch entwickelt dabei einen Entscheidungsbaum, der Bauherren eine strukturierte Handlungsgrundlage bietet, um Begrünungsvarianten basierend auf spezifischen Anforderungen und Umweltzielen auszuwählen.

Die Ergebnisse seiner Arbeit zeichnen sich durch eine klare Verknüpfung von Theorie und Praxis aus. Der entworfene Entscheidungsbaum wird an einem Referenzprojekt getestet, wodurch die Praxistauglichkeit und Relevanz der Empfehlungen verdeutlicht werden. Die Arbeit leitet einen wertvollen Beitrag zur Sensibilisierung für die Bedeutung von Gebäudebegrünungen und zeigt auf, wie diese integraler Bestandteil einer nachhaltigen und lebenswerten Stadtentwicklung sein können.

Mosbach, Deutschland Prof. Dr.-Ing. Markus Koschlik

Hinweis zur Geschlechterneutralität

Aus Gründen der besseren Lesbarkeit wird in dieser Ausarbeitung auf die gleichzeitige Verwendung der Sprachformen männlich, weiblich und divers (m/w/d) verzichtet. Sämtliche Formulierungen gelten gleichermaßen für alle Geschlechter.

Danksagung

Mein besonderer Dank gilt Prof. Dr.-Ing. Markus Koschlik für die engagierte fachliche Betreuung und den stets offenen wissenschaftlichen Dialog. Ebenso danke ich Herrn Dipl.-Ing. Arch. Christian Hildenbrand für die enge Zusammenarbeit und die Unterstützung während des gesamten Projekts. Für ihre Unterstützung, Motivation und ihren Rückhalt in jeder Phase meines Weges danke ich zudem meiner Mutter, Gabriella Baumann.

Interessenkonflikt

Der/die Autor*in hat keine für den Inhalt dieses Manuskripts relevanten Interessenkonflikte.

Kurzfassung

Die Gebäudebegrünung im urbanen Umfeld lässt sich als Element einer nachhaltigen Entwicklung zeitgenössischer Gesellschaften beschreiben, deren Konzepte kontinuierlich weiterentwickelt und neu gedacht werden. Ziel ist ein Leben und Handeln der Menschen im Einklang mit der Umwelt, das die natürlichen Ressourcen schützt und die ökologische Belastung reduziert. Daher verfolgt die nachfolgende wissenschaftliche Ausarbeitung das Hauptziel, die ökologischen Gesichtspunkte innovativer Gebäudebegrünungssysteme an Dach und Fassade zu untersuchen, darzustellen und untereinander in der Wirkung zu vergleichen.

Zu diesem Zweck ist eine Gegenüberstellung der Entwicklung der Gebäudebegrünung von der Vergangenheit bis zur Gegenwart sowie eine Darstellung der aktuellen innovativen Möglichkeiten zur Realisierung einer Gebäudebegrünung an Dach und Fassade erforderlich. Darüber hinaus werden die aktuellen Richtlinien und wissenschaftlichen Ausarbeitungen dargelegt, um den Wissensstand und die geltenden Regelungen in diesem Themenbereich zu vermitteln.

Im Rahmen dessen wird das Hauptziel der Entwicklung eine Handlungsempfehlung sein, welche, basierend auf den ökologischen Wünschen eines Bauherrn oder weiterer Entscheidungsträger, ein Begrünungskonzept vorschlägt. Zur Erreichung dieses Ziels werden zunächst die spezifischen Problematiken im urbanen Kontext beleuchtet. Im Anschluss wird aufgezeigt, in welchem Maße die benannte Gebäudebegrünung in den primären Aspekten der Temperaturreduzierung, Wasserretentionsflächen, Belastungsreduktion, mikroklimatischer Aspekte sowie der Optimierung des Schallschutzes und der menschlichen Psyche hilfreich sein kann. Auf Basis der dargelegten Punkte erfolgt die Entwicklung eines Entscheidungsbaums für drei Begrünungskonzepte. Die Wirksamkeit der Entscheidungshilfe wird anhand eines Beispielgebäudes überprüft, sodass eine qualitative Einschätzung der Eignung für erste Beratungsgespräche innerhalb der drei genannten Klassen möglich ist.

Es ist dabei festzuhalten, dass die Entwicklungen und Untersuchungen im Bereich der Gebäudebegrünung ein ökologisches Forschungspotenzial offenbart, welches es in der Zukunft zu beantworten gilt, um optimale Lösungen für die Städte durch Begrünung zu bieten. Diese Forschungen gilt es in die entwickelten Entscheidungshilfen einzuarbeiten, um diese auf dem aktuellen Stand der Technik und Forschung zu halten.

Inhaltsverzeichnis

Abkürzungsverzeichnis

AAD	Animal – Aided Design (Tierunterstütztes Entwerfen)
BImSchG	Bundes – Immissionsschutzgesetz
BKI	Baukosteninformationszentrum
BMUB	Bundesministerium für Umwelt, Naturschutz, Bau und Reaktorsicherheit
BMWSB	Bundesministerium für Wohnen, Stadtentwicklung und Bauwesen
BuGG	Bundesverband GebäudeGrün e.V.
C_s	Spitzenabflussbeiwert
CO	Kohlenmonoxid
CO_2	Kohlenstoffdioxid
dB (A)	Dezibel bewertet mit dem Frequenzfilter A
DIN	Deutsches Institut für Normung e.V.
Dipl.-Ing.	Diplom – Ingenieur
Dr.- Ing.	Doktoringenieur
FLL	Forschungsgesellschaft Landschaftsentwicklung Landschaftsbau e. V.
GDV	Gesamtverband der Deutschen Versicherungswirtschaft
ha/ Tag	Hektar pro Tag (10.000 m^2 pro Tag)
IASP	Institut für Agrar- und Stadtökologische Projekte an der Humboldt-Universität zu Berlin
IPCC	Intergovernmental Panel on Climate Change
ISO	Internationale Organisation für Normung
J/[g*K]	Joule pro Gramm mal Kelvin
KfW	Kreditanstalt für Wiederaufbau
MBO	Musterbauordnung
MLA	Master of Landscape Architecture
NO_2	Stickstoffdioxid
O_2	Sauerstoff
O_3	Ozon (Sekundärschadstoff)
PM	Feinstaub
ppm	Parts per Million

Prof.	Professor
TGA	Technische Gebäudeausrüstung
UHI	Urban Heat Islands
V.	Version
VOCs	Flüchtige organische Verbindungen
W/mK	Watt pro Meter und Kelvin
w/z-Wert	Wasserzementwert
µm	Mikrometer

Einleitung

1

Inhaltsverzeichnis

1.1 Veranlassung

Unter Berücksichtigung des Urbanisierungsgrads der Gesamtbevölkerung in Deutschland lässt sich eine kontinuierliche Zunahme der Anzahl von Menschen feststellen, die in städtische Gebiete ziehen. Während im Jahr 1990 noch 73,12 % der deutschen Gesamtbevölkerung in Städten lebten, sind es im Jahr 2023 bereits 77,77 % und damit über drei Viertel der Bevölkerung. [1]

In Konsequenz dessen resultiert in urbanen Gebieten ein baulicher Flächenbedarf. Im Jahr 2022 wurden täglich 52 ha für Siedlungsfläche versiegelt, wobei 37 ha auf die Nutzung für Wohnbau, Industrie und Gewerbe (ohne Abbauland) sowie öffentliche Einrichtungen entfielen. [2]

D. Miklosch, *Untersuchung von innovativen Gebäudebegrünungssystemen unter ökologischen Gesichtspunkten im urbanen Umfeld*, Entwicklung neuer Ansätze zum nachhaltigen Planen und Bauen, https://doi.org/10.1007/978-3-658-48659-4_1

Demgegenüber steht die Wertschätzung des Menschen hinsichtlich Grünflächen und eines natürlichen Umfelds, da eine Begrünung in diversen Aspekten positive Auswirkungen auf die menschliche Gesundheit und das Wohlbefinden hat [3]. Die alltäglichen Probleme der Stadtnutzer sind vielfältig, wie beispielsweise Hitze infolge der steinernen Bauwerke, eine hohe akustische Belastung durch den Verkehr, eine schlechte Atemluft durch Emissionsgifte und Stäube, insbesondere durch den hohen Individualverkehr, sowie eine negative Beeinflussung des menschlichen Unterbewusstseins durch die Betonflächen. Dabei führt die Integration von Grünflächen zu einer Senkung der Temperaturen in urbanen Gebieten mit Hitzeinseln, einer Reduktion der Luftschadstoffmengen aus der Umgebung, einer Verringerung der Lärmemissionen von Kraftfahrzeugen sowie Gewerbeanlagen, und wirkt sich zudem positiv auf das Unterbewusstsein des Menschen aus. Außerdem wirkt sich die Einrichtung von Vegetationsflächen auch positiv auf die Biodiversität aus. [4]

Darüber hinaus zeichnen sich die Konsequenzen des anthropogenen Klimawandels hinsichtlich des Lebens der globalen Bevölkerung zunehmend in aller Deutlichkeit ab. Die globale Erderwärmung führt zu einer Zunahme der Temperaturen und einer Veränderung der Wetterbedingungen. In der Konsequenz ist mit einer Zunahme von Wetterextremen zu rechnen, die einen hohen immateriellen und materiellen Schaden verursachen [5]. Zur Veranschaulichung der Extremwetterereignisse sei hier die Änderung der Häufigkeit von Starkniederschlägen in einem 10-jährigen Zeitraum im Vergleich zur Referenzperiode zwischen den Jahren 1850 bis 1900 betrachtet. In der Referenzperiode lag der Wert noch bei 1-mal, bei einer Erderwärmung um 1 °C steigt er auf 1,3, bei 2 °C auf 1,7-mal und bei 4 °C Erwärmung auf 2,7-mal. Analog lässt sich dieses Verhalten auch bei Dürre- und Hitzeperioden beobachten, da auch hier die Häufigkeit mit der steigenden globalen Durchschnittstemperatur zunimmt. [6]

Der „Gesamtverband der Deutschen Versicherungswirtschaft (GDV)" schätzt die Schadenssumme durch Wetterextreme allein im Jahr 2023 auf 4,9 Mrd. € [7]. Als exemplarisches Beispiel kann die Flutkatastrophe im Jahr 2021 im Ahrtal angeführt werden, bei der Versicherungsgesellschaften insgesamt 7,5 Mrd. € an über 200.000 Versicherte ausschütteten und mehr als 180 Menschen starben. [8]

Aus den dargelegten Gründen ist es von entscheidender Bedeutung, dass sich die Entscheidungsträger mit den Möglichkeiten auseinandersetzen, die diesen Klimaauswirkungen entgegenwirken. Gemäß den Forschungsergebnissen, wie sie im IPCC-Bericht [6] dargelegt sind, ist nicht davon auszugehen, dass diese Ereignisse in Zukunft weniger häufig auftreten werden.

Eine Maßnahme, die dazu beitragen kann, die Auswirkungen in urbanen Räumen zu lindern, ist die Begrünung von Gebäudeflächen. Diese Erkenntnis führt u. a. zu einer kontinuierlichen Zunahme der Anzahl begrünter Gebäudeoberflächen. So wurden beispielsweise im Jahr 2022 in Deutschland insgesamt 8.701.502 m^2 Dachbegrünung und 146.000 m^2 Fassadenbegrünung umgesetzt. [9]

Es ist jedoch erforderlich, dass sich immer mehr Personen mit dem Thema der Gebäudebegrünung auseinandersetzen. Aus diesem Grund untersucht die nachfolgende wissenschaftliche Ausarbeitung innovative Gebäudebegrünungssysteme auf ausgewählte ökologische Gesichtspunkte im urbanen Umfeld.

1.2 Zielsetzung und Forschungsfrage

Die vorliegende wissenschaftliche Ausarbeitung widmet sich der Untersuchung innovativer Gebäudebegrünungssysteme. Damit soll das Themenspektrum erweitert und eine größere Anzahl von Menschen für die Gebäudebegrünung sensibilisiert werden. Das Hauptziel der Untersuchung besteht in der Analyse der Gebäudebegrünungen unter ökologischen Gesichtspunkten im urbanen Umfeld. Aus dem vorliegenden Thema lassen sich folgende Forschungsfragen ableiten, die im Rahmen der Bearbeitung dieses umfassenden Themenkomplexes untersucht werden:

1. Welcher historische Kontext steht hinter den Gebäudebegrünungssystemen?
2. Welche innovativen Begrünungssysteme sind auf dem Markt verfügbar, die sich zur Begrünung von Gebäudeaußenflächen, Dächern und Fassaden eignen, und wie sind diese Systeme aufgebaut?
3. Welche Regelwerke, Richtlinien und Normen existieren für die Gebäudebegrünung an Dach sowie Fassade und welche Aussagen treffen diese?
4. Welche ökologischen Problematiken bestehen in urbanen Räumen und inwiefern kann eine Gebäudebegrünung an der Fassade und auf dem Dach zur Lösung dieser Probleme beitragen?
5. Mit welchen ökonomischen Auswirkungen hat ein Bauherr bei der Begrünung der Gebäudeoberflächen zu kalkulieren?
6. Welche Eigenschaften muss ein Gebäude aufweisen, um mit bestehenden innovativen Gebäudebegrünungssystemen ausgestattet zu werden?
7. Ist es möglich, einen Entscheidungsbaum für Bauherren zu entwickeln, durch den eine Begrünungsvariante festgestellt werden kann, die den individuellen ökologischen Wünschen des Bauherren entspricht?

1.3 Abgrenzung

Eine Eingrenzung der zu untersuchenden Themen im Kontext innovativer Gebäudebegrünungssysteme unter ökologischen Gesichtspunkten im urbanen Umfeld ist unerlässlich, um eine fundierte Analyse und Bewertung der einzelnen Themenkomplexe und Forschungsfragen zu gewährleisten.

Die vorliegende Arbeit grenzt sich von allen innovativen Begrünungssystemen ab, welche nicht auf dem Dach oder an der Fassade montierbar sind. Dies betrifft beispielsweise die Themenkomplexe der Innenraumbegrünung, Straßenraumbegrünung, innovativen Gärten und Tunnelbegrünung, welche folglich als sogenannte Nicht-Ziele eingestuft werden. Des Weiteren werden die Begrünungssysteme sowohl bei der Dach- als auch bei der Fassadenbegrünung nicht in Mischformen zusätzlich betrachtet. Diese wissenschaftliche Arbeit fokussiert sich bei der horizontalen Begrünung ausschließlich auf die extensive bzw. intensive Dachbegrünung sowie bei der vertikalen Begrünung ausschließlich auf die boden- und fassadengebundene Begrünung mit deren Systemuntervarianten.

Im Hinblick auf die ökologischen Gesichtspunkte erfolgt eine Eingrenzung auf die Punkte „Umgang mit Temperaturanomalien", „Bildung von Wasserretentionsflächen", „Belastungsreduktion durch Begrünung", „mikroklimatische Aspekte", „Schallschutzauswirkung" und die „Auswirkung durch differente Begrünungskonzepte auf den Menschen". Diese Punkte wurden im Rahmen der Literaturrecherche als wesentliche ökologische Problematiken identifiziert, gegen die eine Begrünung eine entsprechende Wirkung entfaltet.

Des Weiteren sind die Belange hinsichtlich des Brandschutzes vollständig abzugrenzen. Ebenso betrifft es das Planungsrecht sowie weitere rechtliche Themen, die nicht als unabdingbar zur Darstellung eines Kapitels zu erachten sind.

1.4 Vorgehensweise

Im Rahmen der Erfüllung der Ziele aus Abschn. 1.2 erfolgt zunächst die Erarbeitung des zweiten Kapitels „Innovative Gebäudebegrünungssysteme". In diesem wird der historische Verlauf der Gebäudebegrünungssysteme von der Vergangenheit bis in die Gegenwart dargelegt. Des Weiteren wird in diesem Grundlagenkapitel die horizontale Begrünungsvariante, welche sich in die beiden Ausführungsvarianten extensive und intensive Dachbegrünung unterteilen lässt, dargestellt. Im Anschluss daran erfolgt eine Betrachtung der vertikalen Begrünungssysteme, wobei eine Differenzierung der Systemvarianten in boden- und fassadengebundener Begrünung vorgenommen wird. Im darauffolgenden Kapitel „Stand der Technik und Forschung" werden zum einen die essenziellen Regelwerke, Normen und Richtlinien für die Gebäudebegrünung an Dach und Fassade eruiert und zum anderen wissenschaftliche Ausarbeitungen und Fachliteratur geschildert. Auf Basis einer formalen und inhaltlichen Auswertung des Stands der Technik und Forschung wird im Anschluss das Grundgerüst der einzelnen Unterkapitel hinsichtlich technischer, ökonomischer sowie ökologischer Gesichtspunkte der Gebäudebegrünung erstellt.

Im vierten Kapitel erfolgt die Darlegung der Methodik zur Entwicklung der Entscheidungsbäume, wobei die Erkenntnisse aus der Literatur des dritten Kapitels stets zu berücksichtigen sind. In Abschn. 4.1 werden zunächst drei Gebäudekategorien entwickelt, welche durch die Erkenntnisse aus Abschn. 4.3 zu einem ökologischen Entscheidungsbaum in Abschn. 4.4 führen. Die Vorgehensweise in den einzelnen ökologischen Unterkapiteln basiert auf folgendem Prinzip: Im ersten Schritt erfolgt die Identifikation des einzelnen Problems im urbanen Kontext sowie die Schilderung der Auswirkung auf die Stadt und die Nutzer. Im Folgenden wird erörtert, inwiefern eine Begrünung von Dach und Fassade im qualitativen Maßstab zu einer Verbesserung der Situation beiträgt. Anschließend erfolgt bei Vorhandensein von Messungen eine Belegung der Aussagen mit konkreten Zahlenwerten. Auf Basis der Ergebnisse der sechs Unterkapitel zu ökologischen Gesichtspunkten erfolgt in Abschn. 4.4 die Erstellung eines ökologischen Entscheidungsbaums, welcher die drei entwickelten Gebäudeklassen aus Abschn. 4.1 berücksichtigt. Dabei sind auch die Gebäudecharakteristika aus Abschn. 4.2.1 von Relevanz. Denn die Begrünung eines Gebäudes ist nur möglich, sofern Bedingungen erfüllt sind, welche in diesem Kapitel eruiert werden. Zudem ist der Gesichtspunkt der ökonomischen Auswirkungen für keinen Bauherrn zu vernachlässigen. Diesbezüglich wird im Abschn. 4.2.2 auf diese im benötigten Ausmaß näher eingegangen.

Im Anschluss an die Erstellung der Entscheidungsbäume für die Gebäudecharakteristika und den ökologischen Gesichtspunkten ist eine Legitimation durch eine praktische Ausführungsprüfung vorzunehmen. Im Rahmen dieser wird in Kap. 5 ein Bestandsgebäude präsentiert, an welchem die Entscheidungsbäume einer Ausführungsprüfung unterzogen werden. Ziel ist die Verifizierung und Identifikation von Optimierungspotenzialen beim ökologischen Entscheidungsbaum.

Zum Abschluss dieser wissenschaftlichen Ausarbeitung erfolgt eine finale Betrachtung. Es werden im „Rückblick“ die gewonnenen Erkenntnisse zusammengefasst und die Zielsetzung mit den Forschungsfragen retrospektiv betrachtet. Abschließend erfolgt ein Ausblick basierend auf den Abgrenzung im Abschn. 1.3 und eine Zukunftseinschätzung auf die Gebäudebegrünungssystemen.

Die nachfolgende Abb. 1.1 veranschaulicht den dargelegten Aufbau.

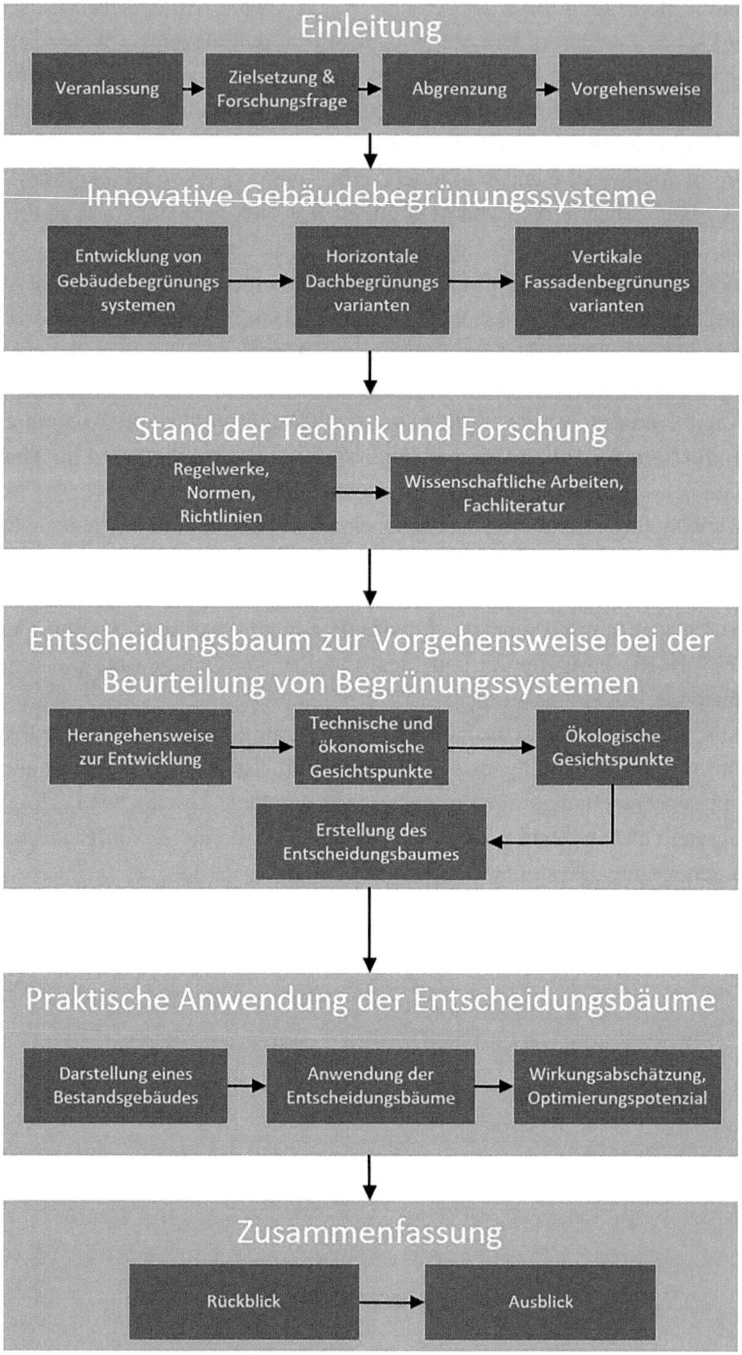

Abb. 1.1 Visualisierung der Vorgehensweise

Literatur

1. Statista GmbH: https://de.statista.com/statistik/daten/studie/662560/umfrage/urbanisierung-in-deutschland/, [Zugriff am: 23.08.2024].
2. Statistisches Bundesamt: Erläuterungen zum Indikator „Anstieg der Siedlungs- und Verkehrsfläche“ Nachhaltigkeitsindikator über die Inanspruchnahme zusätzlicher Flächen für Siedlungs- und Verkehrszwecke 2022, 2024.
3. Pfoser, N.: Vertikale Begrünung, Verlag Eugen Ulmer, 2018.
4. Pfoser, N.: Fassade und Pflanzen – Potenziale einer neuen Fassadengestaltung, Dissertation, Technische Universität Darmstadt, 2016.
5. Köhler, M. et al.: Handbuch Bauwerksbegrünung, 2. Auflage, Verlagsgesellschaft Rudolf Müller GmbH & Co. KG, Köln, 2022.
6. Intergovernmental Panel on Climate Change (IPCC): Summary for Policymakers, In: Climate Change 2021: The Physical Science Basis. Contribution of Working Group I to the Sixth Assessment Report of the Intergovernmental Panel on Climate Change, Cambridge University Press, Cambridge, United Kingdom and New York, NY, USA, 2021.
7. Gesamtverband der Deutschen Versicherungswirtschaft e.V. (GDV): https://www.gdv.de/gdv/medien/medieninformationen/naturgefahrenbilanz-2023-4-9-milliarden-euro-schaeden-durch-wetterextreme%2D%2D162854, [Zugriff am: 23.08.2024].
8. Gesamtverband der Deutschen Versicherungswirtschaft e.V. (GDV): https://www.gdv.de/gdv/medien/medieninformationen/flutkatastrophe-ahrtal-schadenregulierung-180752, [Zugriff am: 23.08.2024].
9. Bundesverband GebäudeGrün e. V.: BuGG – Marktreport Gebäudegrün 2023: Dach-, Fassaden- und Innenraumbegrünung Deutschland, ISSN: 2750-3763, 2023.

Innovative Gebäudebegrünungssysteme 2

Inhaltsverzeichnis

2.1 Entwicklung von Gebäudebegrünungssystemen

Die Begrünung von Gebäudeoberflächen hat eine Geschichte, die weit in die Vergangenheit zurückreicht und im Verlauf dieser Zeit bis heute eine Vielzahl von Veränderungen durchlief.

Eines der markantesten Beispiele stammt dabei aus der Antike und verdeutlicht die ästhetische Wirkung von Gebäudebegrünungen. So werden die „Hängenden Gärten der Semiramis von Babylon" bis heute zu den sieben Weltwundern der Antike gezählt. Erstmals wurden diese von Ktesias von Knidos um 400 v. Chr. erwähnt. In diesem Kontext existieren auch zahlreiche Mythen um die sogenannten „Hängenden Gärten". Die Abb. 2.1 [1] ist ein kolorierter Holzstich vom Maler Ferdinand Knab, welcher die Vorstellung der hängenden Gärten von Babylon veranschaulicht. Des Weiteren existieren diverse Vorstellungen und Gestaltungsarten. Es kann jedoch angenommen werden, dass es sich um eine Bauwerksbepflanzung handelte, deren Erhalt eine regelmäßige aktive Pflege und Bewässerung erforderte. [2]

D. Miklosch, *Untersuchung von innovativen Gebäudebegrünungssystemen unter ökologischen Gesichtspunkten im urbanen Umfeld*, Entwicklung neuer Ansätze zum nachhaltigen Planen und Bauen, https://doi.org/10.1007/978-3-658-48659-4_2

Abb. 2.1 Kolorierter Holzstich der Hängenden Gärten von Babylon [1]

Weitere Belege aus der Vergangenheit für die Umsetzung von Begrünungsmaßnahmen sind die Grassoden- und Seegrashäuser aus dem 17. und 18. Jahrhundert, welche in klimatisch sehr kalten Regionen errichtet wurden. Beispielhaft für diese Anwendung in der Vergangenheit sind Island, Skandinavien und Kanada anzuführen. Abb. 2.2 [3] zeigt ein traditionelles Grassodenhaus in Island. [3]

Es wurden in Regionen mit hohen Temperaturmittelwerten, wie beispielsweise Tansania, ähnliche begrünte Gebäude errichtet. Die sogenannten Hehehäuser (Abb. 2.3 [3]) verfügen über eine Dachbegrünung, welche die Bewohner vor den hohen äußeren Temperaturen Afrikas schützt. Dadurch bietet das Gebäude einen besseren Lebenskomfort als nicht begrünte Gebäude. [3]

Über die Begrünung des Daches hinaus erfolgte manchmal zusätzlich eine Begrünung der Fassaden um das Gebäude herum. Historisch betrachtet, lassen sich bis heute an Gebäudewänden verschiedene Formen der Begrünung beobachten. Dazu zählen u. a. das Beranken mit Kletterpflanzen wie Efeu, das insbesondere im Mittelalter und in der frühen Neuzeit üblich war, sowie die Bepflanzung mit Weinreben, die vor allem in Weinregionen verbreitet ist. [4]

Zu einem der wichtigsten Vertreter, der das Konzept der Begrünung weiterentwickelt hat, zählt ab Mitte der 1980er-Jahre der französische Botaniker Patrick Blanc. Mit der eigenentwickelten Technik namens „Mur Végétal“ zur Wandbepflanzung sowie durch seine erste „Living Wall“ für den Außenraum zählt er zu den wichtigsten Vertretern der vertikalen Begrünung. [5, 6]

Abb. 2.2 Grassodenhäuser in Island [3]

Abb. 2.3 Hehehaus in Tansania [3]

Die genannten Entwicklungen werden dabei heute von innovativen Unternehmen im Bereich der Gebäudebegrünung, wie beispielsweise der ZinCo GmbH oder der Optigrün international AG, aufgegriffen und an die Bedürfnisse der heutigen Gesellschaft und deren Gebäude angepasst. Das übergeordnete Ziel besteht demzufolge in der Integration von mehr Grün im urbanen Umfeld und insbesondere im Stadtzentrum, soweit die äußeren Rahmenbedingungen eine wie auch immer geartete Begrünung ermöglichen.

2.2 Untersuchung innovativer horizontaler Dachbegrünungsvarianten

2.2.1 Extensive Dachbegrünung

In Bezug auf die Begrünung von Dächern lassen sich grundsätzlich zwei verschiedene Varianten unterscheiden:

- Die extensive Dachbegrünung sowie
- Die intensive Dachbegrünung.

Beide Begrünungsformen stellen zwei grundlegende Varianten dar und unterscheiden sich in mehreren Aspekten, wobei in diesem Kapitel die extensive Dachbegrünung und im folgenden Abschn. 2.2.2 die intensive Dachbegrünung dargestellt wird.

Die extensive Dachbegrünung ist eine Form der Dachbegrünung, die sich an der Natur orientiert. Sie zeichnet sich durch eine hohe Pflegeleichtigkeit aus, sodass lediglich eine geringe Anzahl an Dachbegehungen erforderlich ist. Eine einmalige oder zweimalige Begehung ist im Jahresverlauf ausreichend. Außerdem erfolgt die Versorgung mit Wasser und Nährstoffen auf natürliche Weise, sodass aufwendige Bewässerungssysteme nicht erforderlich sind. [7]

Ein weiterer Vorteil gegenüber der intensiven Dachbegrünung ist das geringe Eigengewicht der extensiven Begrünung von ca. 60 bis 180 kg/m^2 laut dem Bundesverband für GebäudeGrün e.V. (BuGG). Bedingt ist dies durch die geringere Aufbauhöhe von in der Regel etwa 6 bis 15 cm. [8]

Die Mindestkosten für eine extensive Dachbegrünung belaufen sich auf etwa 30 bis 60 €/m^2. Unter Berücksichtigung von Kosten – Nutzen – Analysen kann sich diese Investition nach etwa 10 bis 30 Jahren amortisieren. Denn den Kosten lässt sich beispielsweise eine verlängerte Lebensdauer im Vergleich zu anderen Flachdächern anrechnen. Nach dem Baukostenindex [9] beträgt die Lebensdauer eines extensiv begrünten Daches im mittel ca. 30 Jahre und von beispielsweise einem Foliendach im mittel ca. 24 Jahre. Zudem ist die Dämmwirkung zu berücksichtigen und die ökologischen Vorteile, wie die Erhöhung des faunistischen Wertes, einer monetären Bewertung zu unterziehen. In der Praxis muss jedoch stets eine individuelle Abwägung erfolgen, bei der die spezifischen Gegebenheiten und Vorzüge einer extensiven Begrünung monetär bewertet werden. [8]

Zur Veranschaulichung einer solchen Dachbegrünung wird in Abb. 2.4 [8] der Aufbau einer einschichtigen extensiven Dachbegrünung dargestellt.

Der Aufbau einer extensiven Dachbegrünung erfolgt in der nachfolgend dargestellten Weise: Die Dachkonstruktion bildet den Ausgangspunkt und muss hinsichtlich der Tragfähigkeit ausreichend Reserven für die Begrünung aufweisen. Die Abschätzung erfolgt bereits in der Planungsphase durch die Festlegung verschiedener Randbedingungen. Diesbezüglich ist die Bestimmung des Substrats erforderlich, um auf Basis der geplanten Schichthöhe dessen Gewicht ermitteln zu können. Des Weiteren ist die Wassermenge zu bestimmen, welche das Substrat aufnehmen kann. Im Anschluss ist auf die Dachkonstruk-

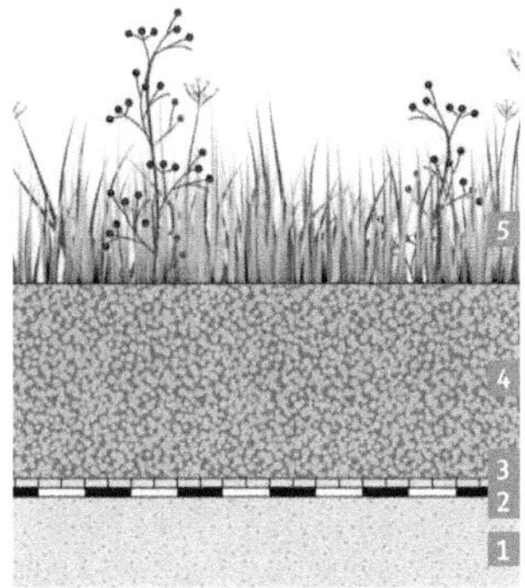

Abb. 2.4 Extensive Dachbegrünung in einschichtiger Bauweise [8]

tion eine sogenannte Wurzelschutzbahn zu verlegen, um die Dachkonstruktion vor Wurzeln und Wasser zu schützen. Dabei ist von Bedeutung, dass die Schutzbahn als wurzelfest zertifiziert ist. Diesbezüglich können unter anderem die Vorgaben und Richtlinien der Forschungsgesellschaft Landschaftsentwicklung Landschaftsbau e. V. (FLL) herangezogen werden. Das FLL-Verfahren stellt ein zwei- oder vierjähriges Langzeitversuchsverfahren dar, in dessen Rahmen eruiert wird, ob die Schutzbahn gegen zuvor definierte Pflanzen wurzelfest ist und folglich den intendierten Schutz gewährleistet. Beispielsweise kann eine zweilagige bituminöse Abdichtung ausgeführt werden, wobei die obere Lage wurzelfest ausgeführt wird. Auf die wurzelfeste Bahn wird im Anschluss eine Schutzlage mit einer Stärke von 0,5 cm bis 1 cm aufgetragen, beispielsweise in Form von Vlies. Diese dient dem Schutz der Dachabdichtung vor mechanischen Beschädigungen. Auf die Schutzlage wird schließlich das Extensiveinschichtsubstrat mit einer Höhe von ca. 8 bis 10 cm aufgetragen. Dabei handelt es sich um ein technisch hergestelltes Substrat, das speziell auf die Pflanzen und ihre Umgebung abgestimmt ist. Es besteht aus einer Kombination von mineralischen und organischen Bestandteilen sowie Zusatzstoffen, um auch z. B. die Anforderungen an die Wasserkapazität und Strukturstabilität zu erfüllen [7]. Entscheidend sind die Anforderungen der FLL-Dachbegrünungsrichtlinien an das Substrat unter den gegebenen Bedingungen. Im Anschluss erfolgt die Verteilung der für den jeweiligen Gebäudestandort ausgewählten Pflanzen auf das Substrat. Es werden trockenheitsangepasste und langjährig bewährte Pflanzenarten verwendet, die durch Sedum-Sprossen, Vegetationsmatten, Flachballen-Stauden oder Saat aufgebracht werden. Zu den langjährig geeigneten Pflanzen zählen beispielsweise Mauerpfeffer, Fette Henne oder Karthäuser. [8]

Eine weitere Form der extensiven Dachbegrünung ist der Aufbau mit einer mehrschichtigen Bauweise. Die nachfolgende Abb. 2.5 [8] stellt diesen Sachverhalt dar.

Der Unterschied zwischen der einschichtigen und mehrschichtigen Bauweise manifestiert sich ab der Schutzlage aufwärts. Im mehrschichtigen Aufbau wird zusätzlich eine Dränage aus Schüttgütern, beispielsweise Lava oder Festkörpern, mit einer Höhe von 2 cm bis 6 cm eingebaut. Diese Schicht fungiert als Speicher für Niederschlagswasser, welches von der Vegetation und dem Substrat nicht unmittelbar aufgenommen werden

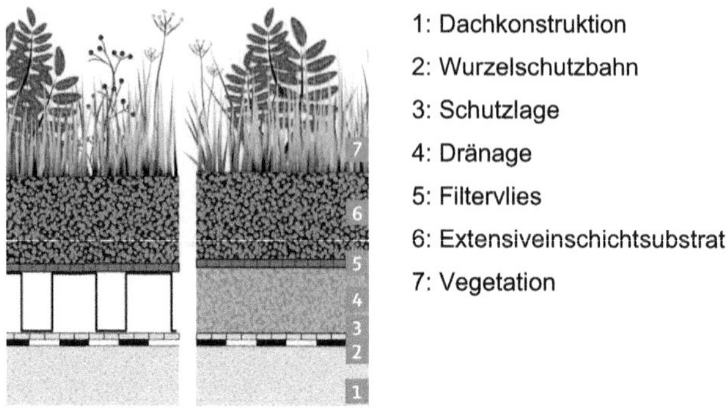

Abb. 2.5 Extensive Dachbegrünung in mehrschichtiger Bauweise [8]

kann. Der Effekt besteht in einer erhöhten Wasseraufnahme des Gesamtsystems, was zu einer verzögerten Ableitung in die Kanalisation führt. Auf die zusätzliche Dränage folgt ein 0,5 cm starkes Filtervlies, welches die Dränage vor dem Einsickern von Feinteilen schützt und somit deren Funktionstüchtigkeit gewährleistet. Die weiteren Schichten, welche auf die Substratschicht aufgetragen werden, sind die Vegetation sowie das Substrat, wie dies bereits bei der einschichtigen extensiven Dachbegrünung beschrieben ist. [8]

Über die beiden genannten Systeme hinaus existieren weitere extensive Dachbegrünungsarten, darunter der Direktbewuchs, das Textilsystem, das Textil-Substrat-System sowie eine Substratschüttung von 5 bis 15 cm [10]. Diese Systeme werden in der vorliegenden Ausarbeitung nicht weiter thematisiert, da dieses Kapitel ausschließlich die Grundlagen der extensiven Begrünung beleuchten soll und nicht alle existierenden Systemvarianten.

Der Systemaufbau der extensiven Dachbegrünung ermöglicht pro Quadratmeter und Jahr laut BuGG bis zu 800 g Kohlenstoffdioxid aufzunehmen, 10 g Feinstaub pro Kubikmeter zu absorbieren, eine Lärmminderung von 20 Dezibel zu erzielen sowie die Lufttemperatur um bis zu 1,5 °C zu senken. [8]

Des Weiteren kann die Begrünung in Abhängigkeit der gewählten Systeme etwa 20–50 l/m Wasser zurückhalten, wodurch die Kanalisationen aktiv bei Starkregen entlastet werden [10].

2.2.2 Intensive Dachbegrünung

Die zweite und aufwendigere Form der Dachbegrünung ist die sogenannte intensive Dachbegrünung. Diese Form der Dachbegrünung ist durch eine Vielzahl an Nutzungsmöglichkeiten sowie einen hohen ökologischen Nutzen gekennzeichnet. Im Gegensatz zur extensiven Dachbegrünung, die sich vorwiegend aus pflegeleichten und widerstandsfähigen Pflanzen zusammensetzt, ermöglicht die intensive Dachbegrünung den Einsatz einer Vielzahl an Pflanzenarten. So ist beispielsweise die Pflanzung von Sträuchern, Stauden, Gräsern und Bäumen möglich, wodurch sich ganze Dachlandschaften gestalten lassen. [11]

Aufgrund der vielfältigen Nutzungsmöglichkeiten wird die intensive Dachbegrünung auch als Dachgarten bzw. ebenerdiger Garten bezeichnet. Die Anlage einer Dachbegrünung kann derart erfolgen, dass sie den Menschen oder Bewohnern als Freifläche zur Verfügung steht. [11]

Darüber hinaus werden durch die intensive Begrünung, in Abhängigkeit von der genauen Aufbauart, der Substrat- und Pflanzenwahl, etwa 70 bis 99 % des Jahresniederschlagsmenge zurückgehalten. Im Gegensatz zur extensiven Begrünung, welche eine Rückhaltung von Niederschlägen von ca. 30 bis 70 % bewirkt, leistet die intensive Begrünung mit ca. 70 bis 99 % einen wesentlichen höheren Beitrag zur Entlastung der Kanalisationen bei Niederschlagsereignissen. [11]

Die Intensivbegrünung bietet zudem die Möglichkeit verschiedene Pflanzenarten anzusiedeln und leistet dadurch einen Beitrag zur Schaffung von Lebensraum für Vögel sowie Insekten. Dies ist darauf zurückzuführen, dass bei Intensivbegrünungen beispielsweise Bäume vorhanden sind, die von Vögeln als Nistplätze genutzt werden können. [5]

Allerdings findet die Intensivbegrünung in der Praxis vornehmlich auf flachen Dächern mit einer Neigung zwischen 0 und 5 Grad Anwendung. Dies bedingt jedoch eine intensive Pflege. Denn im Gegensatz zu den Pflanzenarten der extensiven Begrünung sind die eingesetzten Pflanzen nicht in der Lage, sich vollständig selbst zu versorgen. Daher ist eine regelmäßige Versorgung mit Nährstoffen und Wasser erforderlich. Diesbezüglich ist gegebenenfalls die Installation eines Bewässerungssystems erforderlich. Des Weiteren sind nach der Fertigstellung pro Jahr auch wiederholte Wartungs- und Instandhaltungsgänge notwendig, um eine entsprechende Pflege und den Erhalt des Dachgartens zu gewährleisten. Eine unerwünschte Bestandsumbildung der Vegetation, welche für die Nutzer und den Garten nicht wünschenswert ist, kann sonst eintreten. [11]

Die Höhe einer intensiven Dachbegrünung variiert zwischen 25 cm und 100 cm oder mehr. Dabei wird eine Höhe von 100 cm bereits als Park auf dem Dach bezeichnet. Infolge der genannten Aufbauhöhen ist zudem mit einem höheren Gewicht im Vergleich zu einer extensiven Begrünung zu rechnen. [11]

Das Gewicht entspricht gemäß Köhler, M. et al. [11] etwa 300 bis 1200 kg/m^2 bzw. 3 bis 12 kN/m^2. Laut Pfoser, N. [5] kann bei einer Intensivbegrünung im wassergesättigten Zustand mit einer Substratschüttung von über 15 cm mit einem Gewicht von 190 bis 680 kg/m^2 kalkuliert werden.

Eine weitere Art der Intensivbegrünung, neben der bisher genannten Substratschüttung, ist die Variante mit Pflanzengefäßen (siehe Abb. 2.6 [10]). Das Gewicht ist dabei auch von der Gefäßwahl abhängig und nicht pauschal in einem Rahmen festgelegt. [10]

Zur Veranschaulichung einer mehrschichtigen Dachbegrünung mit Substratschüttung wird in Abb. 2.7 [8] der entsprechende Aufbau dargestellt.

Der Aufbau einer intensiven Dachbegrünung erfolgt in mehreren Schritten. Zunächst ist eine geeignete Dachkonstruktion herzustellen, welches das Gewicht der Intensivbegrünung sicher trägt. Auf diese Konstruktion wird in einem zweiten Schritt die Dachabdichtung bzw. Wurzelschutzbahn aufgebracht, welche den Anforderungen der Forschungsgesellschaft Landschaftsentwicklung Landschaftsbau (FLL) bzw. den geltenden DIN-Normen entspricht. Hierbei ist zu beachten, dass diese Konstruktion eine aus-

Abb. 2.6 Intensive Dachbegrünung: Pflanzgefäße [10]

Abb. 2.7 Intensive Dachbegrünung in mehrschichtiger Bauweise [8]

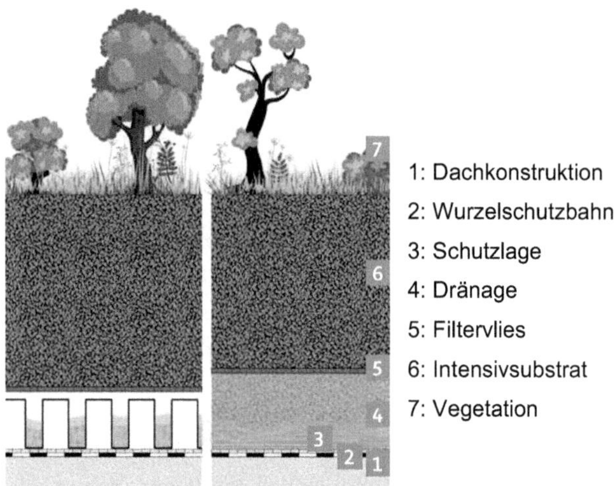

reichende Wasserundurchlässigkeit sowie Wurzelfestigkeit aufweist. Grundsätzlich ist bei der Intensivbegrünung eine hohe Sorgfalt geboten, da die Wurzelschutzbahn der Dachbegrünung auch etwaigen Baumwurzeln standhalten muss. [8]

Auf die Dachabdichtung folgt im nächsten Schritt eine Schutzlage. Diese besteht, wie bei der extensiven Begrünung, aus Vlies oder Gummigranulat und dient dem Schutz vor mechanischer Beschädigung. Im Anschluss daran erfolgt die Installation einer Dränage, welche eine Speicherung von Niederschlagswasser gewährleistet. Die Höhe dieser Dränage variiert zwischen 6 und 12 cm. Diese dient zugleich auch der Ableitung von Überschusswasser zu den Entwässerungseinrichtungen und besteht aus Schüttgütern wie beispielsweise Lava. Zur Prävention der Infiltration von Feinanteilen in die Dränage und somit in das Niederschlagswasser wird ein Filtervlies implementiert. Als vorletzte Schicht wird ein Intensivsubstrat mit einer Höhe von etwa 20 bis 35 cm aufgetragen, welches speziell nach den technischen Anforderungen der FLL-Dachbegrünungsrichtlinien hergestellt ist. Sofern ein höherer Aufbau erforderlich ist, sind zusätzlich mineralische Untersubstrate erforderlich. In Bezug auf die Vegetation besteht die Möglichkeit, langjährige bewährte Intensivbepflanzungen einzusetzen. Diesbezüglich sind insbesondere spezielle Arten an Stauden, Rasen und Gehölzen zu nennen. [8]

2.3 Untersuchung innovativer vertikaler Begrünungsvarianten

2.3.1 Bodengebundene Begrünung

Die bodengebundene Begrünung nimmt eine zentrale Rolle in der nachhaltigen Gestaltung urbaner Räume sowie in der Architektur ein. Es handelt sich hierbei um ein Pflanzensystem, welches direkt im Erdreich verwurzelt ist. Diesbezüglich ist ein Gegensatz zu wandgebundenen Begrünungssystemen festzustellen, welche an baulichen Elementen montiert sind. [11]

Innerhalb der Kategorie der bodengebundenen Begrünung existieren zudem zwei Systemvarianten hinsichtlich der Begrünungsformen. Einerseits die bodengebundene Begrünung mit Direktbewuchs der Fassade (vgl. Abb. 2.8), andererseits die bodengebundene Begrünung mit leitbarem Bewuchs an einer separaten Wuchskonstruktion (vgl. Abb. 2.9). [5]

Die beiden nachfolgenden Abbildungen stellen diesen Sachverhalt dar:

Abb. 2.8 Bodengebundene Begrünung mit Direktbewuchs der Fassade [12]

Abb. 2.9 Bodengebundene Begrünung mit leitbaren Bewuchs an separater Wuchskonstruktion [12]

Bei der Gegenüberstellung beider Systeme werden Vor- und Nachteile ersichtlich, welche durch den Bauherrn im Rahmen einer individuellen Abwägung zu berücksichtigen sind. Im Rahmen der Variante mit Direktbewuchs erfolgt die Verwendung von Pflanzen, die sich durch eine Eignung als Selbstklimmer, Wurzelkletterer und Haftscheibenranker auszeichnen. [13]

Als Beispiele können Efeu und Wilder Wein mit ihren Haftorganen genannt werden. [11]

Die Anforderungen der Wuchsebene umfassen die Gewährleistung eines Boden- und Bodenwasseranschlusses für die Verwurzelung und Nährstoffgewinnung der Pflanzen. Des Weiteren ist zu prüfen, ob die gewünschte Pflanzenart sich auf der Fassadenoberfläche auf seine natürliche Art verankern kann. Ein statischer Nachweis ist dabei im Gegensatz zu einer Wuchskonstruktion nicht erforderlich. Zudem ist sicherzustellen, dass eine Wuchsbegrenzung zu sensiblen Bauteilen erfolgt, um deren Beschädigung durch Starkschlinger bzw. Triebe der Pflanzen zu verhindern. [5]

Eine Flächenwirkung für den gestalterischen Wert des Gebäudes ist nach 5 bis 20 Jahren zu erwarten und der Gestaltungsspielraum ist dabei als gering bis mittel zu bewerten. Der Investitionsaufwand wird als gering eingestuft. [13]

Bei der Variante mit einem leitbaren Bewuchs an separater Wuchskonstruktion wird, wie der Name impliziert, eine Konstruktion entlang der Fassade montiert, auf der die ausgewählte

Bodenbepflanzung entlangwächst. Daher werden Pflanzen benötigt, die als Gerüstkletterpflanzen, Schlinger, Ranker, Spreizklimmer oder als spalierbare Gehölze einzustufen sind. [13]

Als Beispiele können hier der Blauregen (Wisteria), Echter Wein (Vitis), Waldreben (Clematis) sowie Geißblatt (Lonicera) genannt werden [11].

Ein Nachteil dieser Variante besteht in der zusätzlichen Konstruktion, die eine Reihe von Auflagen erfüllen muss. Zum einen ist für die Konstruktion z. B. ein statischer Nachweis erforderlich. Zur Gewährleistung der Sicherheit müssen die tragenden Bauteile aus einem nicht rostenden Material gefertigt sein oder mit einem Korrosionsschutz behandelt werden. Denn die Konstruktion ist über die Nutzungsphase mehreren ständigen sowie sich verändernden Lasten ausgesetzt. Unter den ständigen Lasten sind u. a. das Eigengewicht zu nennen. Zu den veränderlichen Lasten zählen beispielsweise Schnee- und Windlasten. Darüber hinaus ist zu beachten, dass die Konstruktion mit einer ausreichenden Distanz zur Fassade aufgebaut wird, um ein Dickenwachstum der Pflanzen zu ermöglichen, ohne dass es zu Pressungen kommt. [5]

In Bezug auf die Flächenwirkung für den gestalterischen Wert des Gebäudes ist mit einer Zeitspanne von drei bis zwölf Jahren zu rechnen. Der Gestaltungsspielraum wird dabei als mittel eingestuft und der Investitionsaufwand als gering bis hoch. [13]

Die Zielsetzungen beider bodengebundener Systemvarianten umfassen die energetische Gebäudeoptimierung, eine Verbesserung des Stadtklimas sowie eine Steigerung der Aufenthaltsqualität der Nutzerinnen und Nutzer. Darüber hinaus bietet die einfache Umsetzbarkeit einen Vorteil, sofern eine hinreichende Bodenfläche zur Verfügung steht. Die dauerhafte Bepflanzung erfüllt eine hohe stadtklimatische und ökologische Funktion. [5]

Als Nachteile sind zunächst die Anforderungen an das Fachwissen bezüglich der Pflanzenauswahl sowie die Notwendigkeit eines ausreichenden Platzangebots am Boden zu nennen. Außerdem müssen die Bodenverhältnisse als geeignet bewertet werden. Es ist zudem zu berücksichtigen, dass mit einer zunehmenden Höhe der zu pflegende Aufwand steigt und der Pflegeumfang größer wird. [5]

2.3.2 Wandgebundene Begrünung

Die wandgebundene Begrünung stellt neben der bodengebundenen Begrünung eine weitere aufstrebende Methode zur vertikalen Begrünung von Gebäuden entlang der Fassade dar. Denn auch sie bietet ästhetische und ökologische Vorteile. Der entscheidende Unterschied zur bodengebundenen Begrünung besteht darin, dass die wandgebundene keine direkte Verwurzelung im Erdreich erfordert. Die Pflanzen sowie sämtliche für ihren Erhalt erforderliche Materialien werden an der Fassade montiert [11].

Insgesamt lassen sich drei verschiedene Gestaltungsmöglichkeiten unterschieden, die unter die Begrünungsart „wandgebunden“ zusammengefasst werden. Eine visuelle Vorstellung derselben findet sich in Abb. 2.10. [5]

In Abb. 2.10 ist die wandgebundene Begrünung mit Hilfe von Pflanzengefäßen an der Tragkonstruktion am linken Gebäude exemplarisch dargestellt. Diese Vorgehensweise wird auch als Regalbauweise bezeichnet. Die Substratbehälter werden dabei entweder als Einzelbehälter oder als Linearbehälter an den Rand der einzelnen Geschosse gestellt. Die

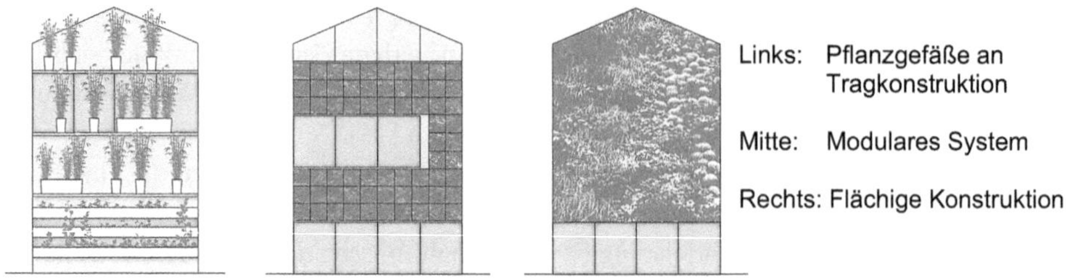

Abb. 2.10 Wandgebundene Begrünung [12]

verwendeten Pflanzen umfassen Stauden, Kleingehölze, Schlinger, Ranker sowie bedingt Spreizklimmer. Die Flächenwirkung entfaltet sich aufgrund der Möglichkeit der Vorkultivierung unmittelbar, und der Gestaltungsspielraum wird durch die Verwendung vieler einzelner Gefäße mit unterschiedlichen Gestaltungsmöglichkeiten als hoch bewertet. Der Investitionsaufwand ist als mittel bis hoch einzustufen, ebenso der Pflege-, Wartungs- und Instandhaltungsaufwand. Die Möglichkeit einer mittelgroßen Artenvielfalt sowie die umgehende Auswirkung auf das Kleinklima durch den Einsatz von Vorkulturen sind ebenfalls als positive Aspekte zu nennen. [5]

Das mittlere Gebäude in Abb. 2.10 veranschaulicht die wandgebundene Begrünung unter Zuhilfenahme des modularen Systems. Für die Realisierung dieser Art der Begrünung werden entweder Element-Einheiten aus Matten, Kassetten, Gabionen und Körben mit Substratfüllung verwendet oder begrünte Natur- und Kunststeinplatten mit einer Oberflächenstruktur, welche die Bewurzelung fördert. Die Befestigung der Systeme erfolgt an den vertikalen Wänden, von wo aus die Pflanzen gedeihen. Im Rahmen dieser Begrünungsmethode kommen Moose, Kleingehölze, Spreizklimmer und Stauden als Pflanzenarten zum Einsatz. Die Flächenwirkung ist bei einer Vorkultivierung unmittelbar gegeben, und der Gestaltungsspielraum ist hoch. Das ökologische Potenzial hinsichtlich der Flora und Fauna ist als groß zu erachten, zudem besteht eine sofortige mikroklimatische Relevanz. Allerdings ist zu berücksichtigen, dass eine Nährstoff- und Wasserversorgungsanlage sowie eine Vorrichtung gegen Durchwurzelung und Feuchte an der Fassade erforderlich sind. In der Konsequenz sind hohe Investitionen sowie Aufwendungen für Instandhaltung und Wartung zu berücksichtigen. [13]

Abb. 2.10 zeigt exemplarisch die flächige Konstruktion zur vertikalen Wandbegrünung am rechten Gebäude. Die Ausführung des Systems kann auf unterschiedliche Weise erfolgen. Es existieren dabei diverse Systeme, die sich in ihrer Konstruktion und Materialität unterscheiden. Zu nennen sind hier Textilsysteme, Textil-Substrat-Systeme, Metallsysteme mit Öffnungen zu Vegetationsflächen sowie eine nährstofftragende Wandschalung mit Direktbegrünung. Die verwendeten Pflanzen umfassen Moose, Kleingehölze, Spreizklimmer, Wurzelkletterer und Stauden, welche auf die genannten Systeme kultiviert werden. Die kurzfristige Zeit, die für die Entwicklung der Flächenwirkung benötigt wird, sowie der großzügige Gestaltungsspielraum sind wesentliche Vorteile dieses Systems. Des Weiteren resultiert aus der genannten Begrünungsmethode eine hohe Artenvielfalt sowie eine unmittelbare mikroklimatische Relevanz. Allerdings ist zu berücksichtigen, dass auch diese Systeme, wie die modularen Systeme, eine Nährstoff- und Wasserversorgung benötigen, um den optimalen Erhalt des Systems zu gewährleisten. Darüber hinaus wird eine Schutzschicht auf der Fassade benötigt, welche die Außenwand vor Verwurzelung und Feuchte schützt. In der Konsequenz sind hohe Investitionskosten sowie hohe Instandhaltungs- und Wartungskosten zu berücksichtigen. [13]

Das Ziel sowie die Vorteile aller drei vertikalen Begrünungssysteme besteht in der Realisierung von Gebäudebegrünung an Wänden, an denen eine Bodengebundenheit nicht möglich ist oder die gewünschten Ergebnisse nicht erzielt werden können. Denn eine wandgebundene Begrünung hat vor allem einen Marketingeffekt für Geschäftsgebäude, da sie eine dauerhafte Begrünung mit hohem Imagewert bietet. [5]

Ein Nachteil dieser Methode liegt in der aufwendigeren Planung und Ausführung gegenüber der bodengebundenen Variante. Des Weiteren ist eine regelmäßige Pflege und Wartung erforderlich, um insbesondere Gebäude mit einem hohen Image zu bewahren. Eine unzureichende oder ungepflegte Begrünung wirkt sich kontraproduktiv auf das Marketing des Gebäudes aus. Des Weiteren ist eine wandgebundene Begrünung in den Aspekten Bau, Versorgung und Pflege kosten- und wartungsintensiver als die bodengebundene Variante. [5]

Literatur

1. Knab,F. DER SPIEGEL GmbH & Co.: https://www.spiegel.de/geschichte/paradiesischer-park-a-55d12876-0002-0001-0000-000143772060, [Zugriff am: 21.07.2024].
2. Schweizer, S.: Die Hängenden Gärten von Babylon: Vom Weltwunder zur grünen Architektur, Verlag Klaus Wagenbach, 2020.
3. Minke, G.: Dächer begrünen Planung. Ausführung. Praxistipps, 6. Auflage, ökobuch Verlag GmbH, 2022.
4. Linke, T.: Gebäudebegrünung als Lärmschutzmaßnahme im innerstädtischen Raum – Welchen Beitrag können Dach- und Fassadenbegrünungen zum Lärmschutz leisten?, Masterarbeit, HafenCity Universität Hamburg, 2017.
5. Pfoser, N.: Grüne Fassaden, 1. Auflage, Verlag DETAIL Business Information GmbH, München, 2023.
6. Ramovic, A.: Development, advantages and cost comparison between building greening in Vienna and Belgrade, Diplomarbeit, Technische Universität Wien, 2021.
7. Forschungsgesellschaft Landschaftsentwicklung Landschaftsbau e. V. (FLL): Dachbegrünungsrichtlinien – Richtlinien für Planung, Bau und Instandhaltung von Dachbegrünungen, Bonn, 2018.
8. Bundesverband GebäudeGrün e. V.: Grüne Innovation Dachbegrünung – Positive Wirkung, Grundlagenwissen, Praxisbeispiele, 01/2023.
9. BKI Baukosteninformationszentrum: BKI Baukosten 2023 Neubau – Statistische Kostenkennwerte für Bauelemente, Stuttgart, 2023.
10. Pfoser, N. et al.: Gebäude, Begrünung und Energie – Potenziale und Wechselwirkungen, Forschungsbericht, Technische Universität Darmstadt, 2013.
11. Köhler, M. et al.: Handbuch Bauwerksbegrünung, 2. Auflage, Verlagsgesellschaft Rudolf Müller GmbH & Co. KG, Köln, 2022.
12. Pfoser, N.: Fassade und Pflanzen – Potenziale einer neuen Fassadengestaltung, Dissertation, Technische Universität Darmstadt, 2016.
13. Forschungsgesellschaft Landschaftsentwicklung Landschaftsbau e. V. (FLL): Richtlinie für die Planung, Ausführung und Pflege von Fassadenbegrünungen mit Kletterpflanzen, Bonn, 2000.

Stand der Technik und Forschung 3

Inhaltsverzeichnis

3.1 Regelwerke, Normen & Richtlinien

Die Erstellung und Veröffentlichung von Regelwerken, Richtlinien und Normen erfolgt durch nationale bzw. internationale Normungsinstitutionen, wie beispielsweise das Deutsche Institut für Normung e. V.. Diese Veröffentlichungen, die durch nationale, europäische und internationale Fachausschüsse und Tagungen entstehen, dienen als Standard für die Optimierung, Integration und Bewertung in vorgegebenen Fachgebieten [1]. Dadurch wird unter anderem ein Beitrag zur Qualitätssicherung geleistet sowie die Sicherheit von Leib und Leben verbessert. Hieran haben sich Bauvorhaben in der Planung und Realisierung zu halten. Infolge der Vereinheitlichung in Normen und der Vorgabe der Einhaltung der Richtlinien entstehen für die an Bauvorhaben Beteiligten gleiche Wettbewerbsbedingungen; eine Wettbewerbsverzerrung wird somit vermieden. [2]

Im Folgenden werden die aktuellen Regelwerke, Richtlinien und Normen hinsichtlich ihres Stands der Technik bei Gebäudebegrünungssystemen, die auf dem Dach und der Fassade zum Einsatz kommen, untersucht. Das primäre Ziel besteht darin, die essenziellen Erkenntnisse zur Erfüllung der Forschungsfragen in Bezug auf Ökologie und Technik zu extrahieren und im Anschluss darzustellen. Des Weiteren wird nach bestehenden öko-

D. Miklosch, *Untersuchung von innovativen Gebäudebegrünungssystemen unter ökologischen Gesichtspunkten im urbanen Umfeld*, Entwicklung neuer Ansätze zum nachhaltigen Planen und Bauen, https://doi.org/10.1007/978-3-658-48659-4_3

logischen Entscheidungsbäumen gesucht, um die Forschungsfrage zur Entwicklung eines Entscheidungsbaumes in Bezug auf die ökologischen Kriterien in Abschn. 4.3 zu realisieren. Sofern keine entsprechenden Informationen in den Regelwerken vorliegen, sind diese mitunter durch eine Auswertung der vorhandenen Quellen zu ermitteln, um auf dieser Grundlage einen entsprechenden Entscheidungsbaum gemäß den Forschungsfragen zu erstellen.

Im Kontext der Dachbegrünung erweist sich die „*Dachbegrünungsrichtlinie – Richtlinien für Planung, Bau und Instandhaltung von Dachbegrünung*" als maßgeblich, welche von der „*FLL – Forschungsgesellschaft Landschaftsentwicklung Landschaftsbau e. V.*" in der Ausgabe von 2018 herausgegeben wurde. Diese Richtlinien sind jedermann frei zugänglich und werden erst durch eine Anwendungsvereinbarung bei der Projektverwirklichung zur Pflicht. Das Ziel dieses Regelwerkes besteht in der Einführung als „*anerkannte Regeln der Technik*". Für das nachfolgende Kapitel vier sind dabei aus dieser Richtlinie u. a. die Erkenntnisse zu den verschiedenen Arten der Dachbegrünung sowie zu den jeweiligen Vegetationsformen von entscheidender Bedeutung. Die Richtlinie erläutert die verschiedenen Varianten der Dachbegrünung, gibt bautechnische Erfordernisse für das Kapitel „Gebäudecharakteristika" an und erläutert kurz die ökologischen, ökonomischen und schützenden Funktionen sowie deren Wirkungen. Des Weiteren werden normative Verweisungen, Planungsvoraussetzungen sowie Anforderungen an den Aufbau von Vegetationsschichten dargelegt, die im Kapitel vier benötigt werden. Denn diese spiegeln den aktuellen Stand der Technik bei der Dachbegrünung wieder und genießen hohes Ansehen im In- und Ausland. Allerdings muss beachtet werden, dass die Dachbegrünungsrichtlinie hinsichtlich der ökologischen und ökonomischen Aspekte lediglich eine qualitative Betrachtung vornimmt, weshalb für die entsprechenden Abschn. 4.3 und 4.2.2 auf weiterführende Literatur zurückgegriffen werden muss. In Bezug auf die bautechnischen Aspekte liefert die Dachbegrünungsrichtlinie für Abschn. 4.2.1 erste Ansätze für die Entscheidungsbäume, die durch weitere Literatur zu ergänzen sind. [3]

Ebenso wie für die Dachbegrünungsrichtlinie hat die FLL auch für die Fassaden eine Richtlinie im Jahr 2018 veröffentlicht, welche auf vorherigen Fassadenbegrünungsrichtlinien basiert und diese weiterentwickelt ausführt. Die 2018 von der FLL veröffentlichte Richtlinie trägt den Titel „*Fassadenbegrünungsrichtlinien – Richtlinien für Planung, Bau und Instandhaltung von Fassadenbegrünungen*" [4]. Die darin enthaltenen Hinweise zur Anwendung sind analog zu denjenigen in der Dachbegrünungsrichtlinie zu interpretieren. Zudem bietet die vorliegende Richtlinie zum Zweck des nachfolgenden vierten Kapitels unter anderem einen Überblick über die verschiedenen konstruktiven Ausführungsmöglichkeiten bei den Fassadenbegrünungssystemen sowie die dafür geeigneten Baustoffe. Darüber hinaus werden in kurzer Form qualitative Entscheidungshilfen für die Berücksichtigung ökologischer und wirtschaftlicher Kriterien vorgestellt. Schließlich werden die unterschiedlichen Ausführungsformen bei wand- und fassadengebundener Begrünung beschrieben. In den Kapiteln zur wandgebundenen und fassadengebundenen Begrünung in der Fassadenbegrünungsrichtlinie werden auch die konstruktionstechnischen Anforderungen, Formen der Begrünung sowie die Ausführung erörtert. Des Weiteren werden in dieser Richtlinie ebenfalls weiterführende normative Verweise aufgeführt, ebenso wie in der Dachbegrünungsrichtlinie Erläuterungen zu rechtlichen Grundlagen gegeben sind. Die rechtlichen Grundlagen, beispielsweise in Bezug auf den Brandschutz in der Richtlinie, werden in dieser Ausarbeitung nicht behandelt. Eine zusätzliche Literaturrecherche ist darüber hinaus erforderlich, um die ökologischen Aspekte in Abschn. 4.3, beispielsweise die Referenzwerte, und die ökonomischen Aspekte in Abschn. 4.2.2, insbesondere die Kostenwerte, zu vertiefen. Diese Aspekte werden in der Fassadenbegrünungsrichtlinie nicht mithilfe von präzisen Werten behandelt. [4]

In Bezug auf das Abschn. 4.3.2 „Bildung von Wasserretentionsflächen" ist die DIN 1986-100 zu nennen, da diese Norm für Entwässerungsanlagen zur Abwasserableitung in Gebäuden und auf Grundstücken gilt. In diesem Kontext ist die in Tabelle 9 dargestellte Ermittlung des Regenwasserabflusses durch Abflussbeiwerte C zur Erläuterung der Dachbegrünungswirkung bei Niederschlagsereignissen von Relevanz. [5]

Ferner werden in der DIN 18531 die allgemein anerkannten Regeln der Technik für die Abdichtung von Dächern, Laubengängen, Balkonen und Loggien bei Dachbegrünungen aufgeführt. [6]

Diese Regelwerke, Richtlinien und Normen stellen das fundamentale Informationsgerüst für die Abschn. 4.2 „Technische und ökonomische Gesichtspunkte" und 4.3 „Ökologische Gesichtspunkte" der vorliegenden Ausarbeitung dar, welche gemäß dem aktuellen Stand der Technik verfasst sind. Sofern vorhanden, werden in den jeweiligen Kapiteln zur Gebäudebegrünung darüberhinausgehende Regelungen zu technischen, ökonomischen und ökologischen Aspekten dargestellt. Zudem bestehen Vorgaben, beispielsweise zum Brandschutz, oder zu Einzelthematiken, welche von Städten, Gemeinden usw. für die Bebauung in deren Gebieten vorgegeben werden. Diese Themen sind jedoch in dieser Ausarbeitung abgegrenzt.

3.2 Wissenschaftliche Arbeiten & Fachliteratur

Die vorliegenden Regelwerke, Richtlinien und Normen fokussieren sich in erster Linie auf die konstruktiven Aspekte der Gebäudebegrünung an Dach und Fassade. In Bezug auf die Bearbeitung der Fragestellungen zu ökologischen Aspekten, wie Temperaturanomalien, Wasserretentionsflächen, mikroklimatischen Gegebenheiten, Belastungsreduktion, Schallschutz und der psychologischen Wirkung von Begrünungen ist eine Untersuchung weiterer Erkenntnisse erforderlich. Die Erstellung der nachfolgenden Unterkapitel im vierten Kapitel erfordert eine Auswertung von Literatur, die sich mit den genannten ökologischen Thematiken beschäftigt und diese darstellt. Im Rahmen dessen erfolgt insbesondere eine Auswertung des aktuellen Forschungsstands, wobei sowohl wissenschaftliche Arbeiten wie eine Dissertation als auch Fachliteratur berücksichtigt werden, die sich mit den Aspekten der Gebäudebegrünung befassen.

Die Auswertung der Primärliteratur und der literarischen Werke erfolgt zunächst durch eine Analyse ihrer Zielsetzung, woraufhin die Vorgehensweise und damit die Methodik untersucht werden. In der Folge wird eruiert, in welcher Weise die Inhalte und Methoden dieser Ausarbeitung einen Beitrag zu der Darlegung der ökologischen Probleme und zu deren Lösung in urbanen Gebieten durch Dach- und Fassadenbegrünung leisten kann.

Pfoser, N., Dissertation (2016) [7]: Zielsetzung

Die vorliegende Dissertation verfolgt das Ziel, die Ausführungsprinzipien der Begrünung an der Fassade aufzuzeigen sowie deren Gestaltungsmöglichkeiten und technischen Möglichkeiten darzustellen. Zudem wird das Ziel verfolgt, einen Beitrag zur erfolgreichen und verbreiteten Umsetzung von Vegetationen an Fassaden zu leisten. Dazu werden die Gestaltungsprinzipien sowie Realisierungsmöglichkeiten unter Berücksichtigung von Gebäudefassaden dargestellt. Die zentrale Fragestellung lautet, ob eine umfassende Systematik der Gestaltungsmöglichkeiten und Anwendungsbedingungen heutiger Fassadenbegrünungstechniken sowie der Gebäudesubstanzkriterien die negative Wirkkette des Informationsmangels, bestehend aus den Phasen „*Unkenntnis → Anwendungsfehler → Pflanzen-/Bauschaden → Fehlinvestition → Abwendung und Rückbau*", überwinden und dadurch die Grundlage für eine zukünftig breitere Anwendung von Gebäudebegrünungen als verantwortungsvollen Beitrag der Architektur zum Stadtbild und Stadtklima schaffen kann. Des Weiteren wird untersucht, wie in belasteten Städten eine Verbesserung des Lebensumfelds erreicht werden kann, wobei stadtgestalterische und klimatische Vorteile für die Nutzer der Stadt und des Umfelds entstehen sollen.

Pfoser, N., Dissertation (2016) [7]: Vorgehensweise

Die Gliederung dieser Dissertation erfolgt anhand einer Unterteilung in drei Hauptthemen. Die drei Hauptthemen sind „Sachstand", „Motivation" und „Zukunftseignung". Im Rahmen der Erfassung des Sachstands wurden etwa 2500 Themenbeiträge ausgewertet, um einen umfassenden Überblick über den aktuellen Kenntnisstand hinsichtlich der klimatischen und ökologischen Auswirkungen zu gewinnen. Des Weiteren untersucht Pfoser, N. die auf dem europäischen Markt verfügbaren Begrünungssysteme. Im Rahmen der „Motivation" erfolgte eine Ermittlung der Interessenlagen der Bewohner sowie privater und öffentlicher Bauherrn. Zu diesem Zweck wurden Presseberichte ausgewertet und eigene Nachforschungen angestellt. Die Auswertung der Daten sowie die Durchführung von Einzelmessungen führen zu dem Schluss, dass eine zusammenfassende Auswertung eine bisher fehlende Themenbearbeitung darstellt. Zudem belegt die Auswertung, dass eine Gebäudebegrünung die Gebäudeoptimierung fördert und eine interdisziplinäre Herangehensweise dabei von hoher Relevanz ist. Außerdem werden die Resultate der stadträumlichen Untersuchungen zur Umfeldverbesserung in folgenden Punkten dargelegt: Aufheizung der städtischen Materialität, mangelhafte Staub- und Feinstaubbindung, Lärmreduktion sowie Rückhaltung zunehmender Starkregen – Ereignisse mit Kanalisationsproblemen. Im Rahmen der „Zukunftseignung" erfolgt eine Prognose zur Eignung von Fassadenbegrünungen für die Zukunft sowie eine Gegenüberstellung der Bewertungspotenziale.

Pfoser, N., Dissertation (2016) [7]: Adaptionsmöglichkeiten für die eigene Arbeit

Die vorliegende Dissertation leistet einen Mehrwert für die nachfolgende Ausarbeitung, indem sie die Fassadenbegrünung aus ökologischer und technischer Perspektive beleuchtet. Insbesondere die dargestellten Erkenntnisse zur Ökologie sind für die nachfolgende Ausarbeitung von Nutzen. In der Dissertation werden die Thematiken der Temperaturanomalien (s. Abschn. 4.3.1), Wasserretentionsflächen (s. Abschn. 4.3.2), Belastungsreduktion (s. Abschn. 4.3.3), mikroklimatische Auswirkungen (s. Abschn. 4.3.4), Schallschutzauswirkungen (s. Abschn. 4.3.5) und Auswirkungen auf die menschliche Psyche (s. Abschn. 4.3.6) anhand der Fassade erörtert. Daher stellt die Dissertation grundlegende Informationen zur Bearbeitung dieser Kapitel in Bezug auf die Fassadenbegrünung bereit, die durch weitere Untersuchungen auszuführen sind.

Köhler, M. et al., „Handbuch Bauwerksbegrünung“ (2022) [8]: Zielsetzung
Das Ziel der zweiten Auflage dieses Handbuches besteht in der lehrbuchartigen Präsentation des aktuellen Wissens, um einen Beitrag zur Etablierung der Bauwerksbegrünung als Regelbauweise zu leisten. Dazu werden in diesem Buch die vielfältig bestehenden Quellen in „Prinzip – Skizzen“ abgeleitet, um das Potenzial von Gebäudebegrünung darzustellen und Entscheidungsträger über die Möglichkeiten zu informieren.

Köhler, M. et al., „Handbuch Bauwerksbegrünung“ (2022) [8]: Vorgehensweise
Das Vorgehen wird in sieben Kapiteln dargestellt. Im ersten Kapitel erfolgt eine Auseinandersetzung mit den Besonderheiten und Vorteilen begrünter Architektur. Im zweiten Kapitel erfolgt eine Darstellung grüner Bauwerke mit Bezug zum Klimaschutz. Dabei werden insbesondere die Wirkungen auf den Energiehaushalt, Wasserhaushalt, die Biodiversität sowie die Nachhaltigkeit von Bauwerken thematisiert. Das dritte Kapitel widmet sich der Architektur und Stadtplanung. Dabei werden insbesondere die wirkungsvolle Planung und Berücksichtigung von Nachhaltigkeit und Lebenszyklus einer näheren Betrachtung unterzogen. Das vierte Kapitel beschäftigt sich mit den technischen und konstruktiven Aspekten der Dachbegrünung. Dabei wird u. a. auch auf die Instandhaltung eingegangen, um typische Schäden zu vermeiden. Das fünfte Kapitel widmet sich der Fassaden- und Wandbegrünung. Dort werden sowohl die verfügbaren Pflanzen als auch die bautechnischen Anforderungen erörtert. Des Weiteren werden die bauphysikalischen Aspekte beleuchtet. Das sechste Kapitel setzt seinen Schwerpunkt auf die Innenraumbegrünung, während das siebte Kapitel Beispielbegrünungen aus der Praxis vorstellt. Das achte Kapitel thematisiert die Förderinstrumente im Kontext der Dach- und Fassadenbegrünung, während Kap. 9 einen Ausblick auf die Zukunft der Bauwerksbegrünung gibt.

Köhler, M. et al., „Handbuch Bauwerksbegrünung“ (2022) [8]: Adaptionsmöglichkeiten für die eigene Arbeit
Die Adaptionsmöglichkeiten dieses Handbuchs umfassen unter anderem die Inhalte des zweiten Kapitels, in welchem die schützende Wirkung von Gebäudebegrünung auf die Stadt dargestellt wird. Denn in diesem Kontext werden die Themen Energiehaushalt, Wasserhaushalt und Biodiversität beleuchtet, welche zudem Gegenstand mehrerer ökologischer Kapitel sind. In diesem Kontext werden die grundlegenden Problematiken in urbanen Gebieten dargelegt und aufgezeigt, wie die Bauwerksbegrünung in den genannten Aspekten Abhilfe schaffen kann. Des Weiteren tragen die technischen Aspekte zur Dachbegrünung aus dem vierten Kapitel zu einem Mehrwert für das technische Verständnis dieser Ausarbeitung sowie des Abschn. 4.2.1 Gebäudecharakteristika bei. Die Informationen aus dem fünften Kapitel des

Handbuches sind auch zur Ausformulierung der ökologischen und technischen Aspekte der Fassadenbegrünung für das Kapitel vier zur Bildung des Entscheidungsbaumes von Relevanz. Denn es wird die Energiebilanz beleuchtet, um aufzuzeigen, wie Fassadenbegrünungen mit spezifischen Eigenschaften die Dämmwirkung unterstützen. Dies erfolgt in Verbindung mit der Dissertation von Ottelé, M. [9].

Pfoser, N. et al. „Gebäude, Begrünung und Energie: Potenziale und Wechselwirkungen“ (2013) [10]: Zielsetzung
Der Forschungsbericht ist das Ergebnis einer interdisziplinären Zusammenarbeit von Ökologen, Architekten, Klimatologen und Landschaftsplanern. Er richtet sich an alle fachlich Interessierten, die eine Entscheidungsposition bzw. Bauablauffunktion innehaben. Die Erstellung des Berichts wurde seitens der Forschungsinitiative „Zukunft Bau“ des Bundesministeriums für Bau-, Stadt- und Raumforschung gefördert und soll eine Motivation, Planungshilfe, Forschungsergebnisse und Praxiserfahrungen zu Bauwerksbegrünungen darstellen. Darüber hinaus offenbart er die gestalterischen, stadtklimatischen, ökologischen und energetischen Potenziale von der Bauwerksbegrünung auf Dach und Fassade.

Pfoser, N. et al. „Gebäude, Begrünung und Energie: Potenziale und Wechselwirkungen“ (2013) [10]: Vorgehensweise
Um diese Ziele zu erreichen, gibt der Bericht eine detaillierte Darstellung der verschiedenen Möglichkeiten zur Gebäudebegrünung sowohl an Dach- als auch an Fassadenflächen. Im Anschluss erfolgt eine Erläuterung der Begriffe „Energieeffizienz“ und „Energiegewinnung am Gebäude“ unter Berücksichtigung passiver bis aktiver Systeme. In den nachfolgenden drei Kapiteln findet eine Darlegung der Wirkung der Gebäudebegrünung auf das Gebäude, das Umfeld sowie den Stadtraum statt. Im Rahmen der Untersuchung wurden mehrere einzelne Problemthemen aus dem Bereich der Ökologie im urbanen Gebiet aufgegriffen und analysiert, wobei der Fokus auf der Frage lag, inwiefern Dach- und Fassadenbegrünungen zu einer Lösung beitragen. Im Anschluss erfolgt eine Erläuterung von Planungsparametern, zu denen unter anderem die Förderungen und Nachhaltigkeitszertifikate der DGNB oder BNB zählen. Abschließend werden Beispielprojekte im Hochbau sowie städtebauliche Projekte präsentiert.

Pfoser, N. et al. „Gebäude, Begrünung und Energie: Potenziale und Wechselwirkungen“ (2013) [10]: Adaptionsmöglichkeiten für die eigene Arbeit
Im Rahmen dieses Forschungsberichts erfolgt eine Adaption der Erkenntnisse zu den ökologischen Thematiken bei der Gebäudebegrünung. Dabei werden insbesondere die Auswirkungen auf die Temperatur, die Wasserretention, die Staubbelastung, das Mikroklima, den Schallschutz sowie die psychologischen Aspekte untersucht. Im Unterschied zu den zuvor dargestellten Ausarbeitungen erfolgt in diesem Bericht eine Darstellung der ökologischen Auswirkungen von Dach- und Fassadenbegrünungen auf das Umfeld und das Gebäude in einem Kapitel. Allerdings ist ein Unterschied im Detailgrad des Inhalts zu den bisher genannten Ausarbeitungen zu vermerken.

Breuer, A., Bachelorarbeit (2020) [11]: Zielsetzung
Die Ausarbeitung von Breuer, A. verfolgt das Ziel, einen Beitrag zum Klimaschutz zu leisten, indem die Effekte von grün-blauer Infrastruktur beleuchtet werden. Unter grün-blauer Infrastruktur wird ein strategisch geplantes natürliches und naturnahes Netzwerk verstanden, welches sich durch das Anlegen von Bäumen und Wasserflächen im urbanen Gebiet als Maßnahme der Stadtentwicklung auszeichnet. Im Rahmen dessen erfolgt eine Betrachtung der Hitzeentwicklung sowie der Einsatzmöglichkeiten von grün-blauer Infrastruktur in der aktuellen Infrastruktur. In diesem Zusammenhang ist es das Ziel, eine Entscheidungshilfe zu entwickeln, welche adäquate Maßnahmen aufzeigt, wie grün-blaue Infrastrukturmaßnahmen an welcher Stelle im urbanen Umfeld wie anzuwenden und zu realisieren sind.

Breuer, A., Bachelorarbeit (2020) [11]: Vorgehensweise
Die vorliegende Bachelorarbeit von Breuer, A. ist in sechs Abschnitte untergliedert, wobei die ersten drei Abschnitte eine Einführung in das Thema sowie eine Erläuterung der Grundlagen bieten. Auf Basis der in den vorangehenden Abschnitten erarbeiteten Grundlagen erfolgt im vierten Kapitel die Entwicklung und Erläuterung eines Entscheidungsbaums, einer Bewertungsmatrix sowie eines Maßnahmenkatalogs, welche die Grundlage für die Anwendung der grün-blauen Infrastruktur bilden. Im Anschluss findet eine Anwendung des Entscheidungsbaums sowie eine Diskussion der Ergebnisse statt. Abschließend wird die gesamte Arbeit in einem Fazit zu der Thematik abgeschlossen.

Breuer, A., Bachelorarbeit (2020) [11]: Adaptionsmöglichkeiten für die eigene Arbeit
Die nachfolgenden Kapitel dieser wissenschaftlichen Ausarbeitung zu Gebäudebegrünungssystemen auf dem Dach und der Fassade fokussieren sich nicht auf die grün – blaue Infrastruktur, wodurch die Ergebnisse der Bachelorarbeit von Breuer, A. lediglich eine überschaubare Relevanz liefern. Jedoch lässt sich aus der Bachelorarbeit von Breuer, A. die Methodik für einen eigenen Entscheidungsbaum ableiten, welcher im Anschluss gleichermaßen zur Legitimation zu prüfen ist.

In Ihrer Bachelorarbeit entwickelte Sie u. a. einen Entscheidungsbaum für die Dachbegrünung, welcher sich für die Gebäudecharakteristika im Abschn. 4.2.1 anwenden lässt. In Ihrer Abb. 13 „*Ast Dachbegrünung 1 Gebiet 1*“ beginnt Breuer, A. mit der Ermittlung der Dachneigung und gelangt über die verfügbaren Traglasten eines Daches zu den möglichen Dachbegrünungen. Diese Vorgehensweise lässt sich auf die Ausarbeitung übertragen und mit weiteren Aspekten im Kapitel Gebäudecharakteristika, wie beispielsweise den gegebenen Lichtverhältnissen und Wartungsmöglichkeiten, ausweiten. Das in der vorliegenden Ausarbeitung beschriebene Vorgehen bei der Dachbegrünung kann auch auf die Fassadenbegrünung übertragen werden. Dabei ist auf Informationen, beispielsweise aus der Fassadenbegrünungsrichtlinie der FLL [4], zurückzugreifen.

Des Weiteren erfolgt durch Breuer, A. eine Praxisprüfung der entwickelten Entscheidungsbäume zur Wirkungsabschätzung und Legitimation, welche anschließend im Diskussionskapitel einer kritischen Reflexion unterzogen wird. Die Methodik der praktischen Anwendung lässt sich auf diese wissenschaftliche Ausarbeitung adaptieren, weshalb hier auch eine Praxisprüfung stattfindet, in deren Rahmen eine Wirkungsabschätzung und ein Optimierungspotenzial der in den nachfolgenden Kapiteln entwickelten Entscheidungsbäume ermittelt werden. Das Ziel besteht darin, die Leistungsfähigkeit der entwickelten Entscheidungsbäume zu evaluieren und Optimierungspotenziale zu identifizieren, die in künftigen wissenschaftlichen Untersuchungen weiter zu vertiefen sind.

Darüber hinaus erweist sich die Darlegung der Entscheidungsbäume als hilfreich für die Anfertigung dieser wissenschaftlichen Ausarbeitung, da sie aufzeigt, wie eine Entscheidungshilfe für die Bauwelt zu konzipieren und zu gestalten ist.

Literatur

1. Koschlik, M.: Verfahren zur ganzheitlichen Nachhaltigkeitsintegration bei öffentlichen Baumaßnahmen im In- und Ausland, Dissertation, Universität der Bundeswehr, 2018.
2. Borchardt, F.: Implementierung von Nachhaltigkeit in den einzelnen Leistungsphasen der HOAI, Springer Vieweg, Wiesbaden, 2024.
3. Forschungsgesellschaft Landschaftsentwicklung Landschaftsbau e. V. (FLL): Dachbegrünungsrichtlinien – Richtlinien für Planung, Bau und Instandhaltung von Dachbegrünungen, Bonn, 2018.
4. Forschungsgesellschaft Landschaftsentwicklung Landschaftsbau e. V. (FLL): Fassadenbegrünungsrichtlinien – Richtlinien für Planung, Bau und Instandhaltung von Fassadenbegrünungen, Bonn, 2018.
5. Deutsches Institut für Normung e. V.: DIN 1986-100: Entwässerungsanlagen für Gebäude und Grundstücke – Teil 100: Bestimmungen in Verbindung mit DIN EN 752 und DIN EN 12056, Beuth Verlag, Berlin, 2016.
6. Deutsches Institut für Normung e. V.: DIN 18531-1: Abdichtung von Dächern sowie Balkonen, Loggien und Laubengängen – Teil 1: Nicht genutzte und genutzte Dächer – Anforderungen, Planungs- und Ausführungsgrundsätze, Beuth Verlag, Berlin, 2017.
7. Pfoser, N.: Fassade und Pflanzen – Potenziale einer neuen Fassadengestaltung, Dissertation, Technische Universität Darmstadt, 2016.
8. Köhler, M. et al.: Handbuch Bauwerksbegrünung, 2. Auflage, Verlagsgesellschaft Rudolf Müller GmbH & Co. KG, Köln, 2022.
9. Ottelé, M.: The Green Building Envelope, Dissertation, Universität Delft, 2011.
10. Pfoser, N. et al.: Gebäude, Begrünung und Energie – Potenziale und Wechselwirkungen, Forschungsbericht, Technische Universität Darmstadt, 2013.
11. Breuer, A.: Einsatzmöglichkeiten von grün-blauer Infrastrukturen zur Klimaanpassung im Wohnungsbau und in der Quartiersentwicklung, Bachelorarbeit, Hochschule Darmstadt, 2020.

Entscheidungsbaum zur Vorgehensweise bei der Beurteilung von Gebäudebegrünungssystemen

4

Inhaltsverzeichnis

4.1 Herangehensweise zur Entwicklung des Entscheidungsbaums

Die Beratung und Auswahl einer für den Bauherrn und sein Gebäude geeigneten Gebäudebegrünung erfordert die Abwägung mehrerer unterschiedlicher Kriterien. Um diesen Entscheidungsprozess übersichtlicher zu gestalten und zu erleichtern, wird im folgenden Kapitel vier die Gebäudebegrünung auf ihre Eigenschaften hin untersucht. Insbesondere die ökologischen Aspekte spielen im Rahmen dieser Ausarbeitung eine wesentliche Rolle und werden in Abschn. 4.3 näher betrachtet. Dazu werden die Problematiken in den urbanen

D. Miklosch, *Untersuchung von innovativen Gebäudebegrünungssystemen unter ökologischen Gesichtspunkten im urbanen Umfeld*, Entwicklung neuer Ansätze zum nachhaltigen Planen und Bauen, https://doi.org/10.1007/978-3-658-48659-4_4

Gebieten dargestellt und welche Eigenschaften der Begrünung entgegenwirken. Im Rahmen der Untersuchung der förderlichen Faktoren erfolgt eine separate Betrachtung der Fassaden- und Dachbegrünung. Dabei wird analysiert, welche Formen der Begrünung aus den Abschn. 2.2 und 2.3 den Problemen der urbanen Gebieten entgegenwirken. Zudem werden Ergebnisse aus exemplarischen Untersuchungen präsentiert, um die Wirkung zu veranschaulichen. Die in dieser Ausarbeitung zu betrachtenden ökologischen Probleme sind für eine ausführliche Behandlung der Themen begrenzt auf: Temperaturanomalien in urbanen Städten, Bildung von Wasserretentionsflächen, Belastungsreduktion durch Begrünung, mikroklimatische Aspekte, Schallschutzwirkung und die Wirkung unterschiedlicher Begrünungskonzepte auf die menschliche Psyche.

Darüber hinaus sind neben den ökologischen Aspekten auch die Eigenschaften eines Gebäudes zu berücksichtigen, um herauszufinden, welche Begrünung am Gebäude möglich ist. Daher wird im Unterkapitel 4.2.1 auf die Eigenschaften von Gebäuden eingegangen, die für eine Begrünung zu erfüllen sind. Abschließend wird in diesem Unterkapitel für Dach und Fassade ein Entscheidungsbaum erstellt, mit dem anhand der Gebäudeeigenschaften ermittelt werden kann, welche Begrünungen aus den Abschn. 2.2 und 2.3 möglich sind. Darüber hinaus sind für jeden Bauherrn auch die damit verbundenen wirtschaftlichen Faktoren ein nicht zu vernachlässigender Betrachtungspunkt in Bezug auf die Ausführung von Begrünungsmaßnahmen. Vor diesem Hintergrund ist hier auch auf ökonomischen Gesichtspunkte einzugehen. Damit sind die monetären Aspekte angesprochen, mit denen der Bauherr zu kalkulieren hat.

Aufbauend auf den Ergebnissen der ökologischen Aspekte aus Abschn. 4.3 wird in Abschn. 4.4 ein Entscheidungsbaum für drei selbst entwickelte Gebäudebegrünungsklassen erstellt, wodurch der Bauherr am Ende ein auf seine ökologischen Ziele und Wünsche abgestimmtes Begrünungskonzept erhält. Dieser Entscheidungsbaum wird dabei in Anlehnung an die Methodik zur Entwicklung eines Entscheidungsbaumes aus der Bachelorarbeit von Breuer, A. [1] entwickelt und im nachfolgenden fünften Kapitel angewendet und auf Optimierungsmöglichkeiten reflektiert und geprüft.

Die Einführung von drei präzisen Begrünungsklassen dient dem Zweck, die Erstellung eines ökologischen Entscheidungsbaumes im Abschn. 4.4 im Rahmen dieser Untersuchung zu ermöglichen. Denn aufgrund der vielfältigen Möglichkeiten der Realisierung von Gebäudebegrünungen ist es im Rahmen dieser wissenschaftlichen Ausarbeitung nicht möglich, alle Varianten zu berücksichtigen. Zudem wären die ökologischen Vorzüge einzelner Varianten nur unzureichend ersichtlich, sodass die Einführung von drei Klassen erforderlich ist, um eine differenzierte Betrachtung zu ermöglichen.

Bei den drei entwickelten Gebäudebegrünungsklassen handelt es sich um realisierbare Gesamtkonzepte aus den Abschn. 2.2 und 2.3:

Erste Klasse:	
Dach:	Intensivbegrünung mit etwa 25 cm Vegetationsschicht
Fassade:	Wandgebundene Begrünung in Modulbauweise
Zweite Klasse:	

Dach:	Extensivbegrünung mit Substrataufbau von etwa 15 cm
Fassade:	Bodengebundene vollflächige Efeubegrünung
Dritte Klasse:	
Dach:	Extensivbegrünung mit Substrataufbau von ca. 5 cm
Fassade:	Bodengebundene partielle Efeubegrünung

4.2 Technische und ökonomische Gesichtspunkte

4.2.1 Gebäudecharakteristika

Die Planung und Realisierung von Gebäudebegrünungen stellt eine komplexe Aufgabe dar, die eine detaillierte Betrachtung der vorhandenen Gegebenheiten am Gebäude erfordert. Eine unzureichende Analyse der realisierbaren Möglichkeiten birgt das Risiko von Problemen bei der Ausführung oder von späteren Schäden am Gebäude. Daher ist es von grundlegender Bedeutung, bereits in der Planungsphase erste Ausschlusskriterien festzulegen, um eine Einschätzung darüber zu gewinnen, welche Gebäudebegrünung am Gebäude des Bauherrn bzw. Kunden realisierbar ist. Daher ist es sinnvoll, bereits in einer frühen Planungsphase Kriterien zu definieren und diese in einen *Entscheidungsbaum* für die Dach- und Fassadengestaltung einzubinden. Auf dieser Grundlage kann gemeinsam mit dem Bauherrn eine Einschätzung getroffen werden, welche Formen der Gebäudebegrünung ohne größere Ausführungsprobleme oder das Risiko von späteren Schäden umsetzbar sind. Im Folgenden erfolgt eine Betrachtung der Realisierungsmöglichkeit einer Dachbegrünung.

Im Rahmen der Analyse ist zu eruieren, welche *Fläche des Gebäudes für eine horizontale Begrünung zur Verfügung* steht. Sofern sich bei der Analyse ergibt, dass keine freien Flächen zur Verfügung stehen, ist eine Dachbegrünung nicht zu realisieren. Dies ist beispielsweise der Fall, wenn auf dem Dach eine Vielzahl an Dachfenstern, Lüftungsschächten oder sonstigen Hindernissen vorhanden sind.

Sofern eine hinlängliche Freifläche auf dem Dach gegeben ist, ist im nächsten Schritt zu untersuchen, ob der betreffende Bereich die *erforderliche Tragfähigkeit* aufweist. Denn bei Dachbegrünungen ist zwischen extensiver und intensiver Dachbegrünung zu differenzieren, wobei sich diese beiden Varianten hinsichtlich ihrer Aufbauhöhe sowie der damit verbundenen Gewichtsmassen unterscheiden. Jedoch sind in der Praxis die Grenzen zwischen dieser beiden Dachbegrünung oft fließend, da es keine exakte Abgrenzung gibt, ab welchem Schichtaufbau eine extensive oder intensive Begrünung vorliegt. [2]

In der vorliegenden Untersuchung werden die aus den Schneider Bautabellen [3] angegebenen Werte verwendet. In der genannten Publikation wird eine extensive Dachbegrünung mit einer Aufbauhöhe von ca. 8–15 cm sowie einem Gewicht im wassergesättigten Zustand von ca. 0,8–1,6 kN/m^2 beschrieben. Für eine intensive Dachbegrünung mit einer Aufbauhöhe ab 25 cm liegt ein Gewicht ab 3 kN/m^2 an.

Infolgedessen kann dem Bauherrn lediglich die Möglichkeit einer extensiven Begrünung eingeräumt werden, falls sein Gebäudedach ein maximales Gewicht von 3 kN/m^2

nicht zu tragen vermag. Sollte jedoch eine Belastung von mehr als 3 kN/m^2 zulässig sein, kann der Bauherr auch eine intensive Dachbegrünung für sein Gebäude veranlassen.

Im Falle einer weiteren Planung mit der Option einer extensiven Begrünung ist der *Neigungswinkel* des Daches zu bestimmen. Es ist zu beachten, dass der Neigungswinkel nicht kleiner als 0° und nicht höher als 15° sein darf. Ist diese Spannweite nicht eingehalten, sind sogenannte Schubsicherungssysteme erforderlich. Unter Zuhilfenahme von Schubsicherungssystemen bzw. Sonderlösungen sind extensive Dachbegrünungen bis zu einem Neigungswinkel von 45° realisierbar. So wird z. B. bei Dächern mit einer Neigung von 15° bis 20° von der Firma ZinCo ein Erosionsschutzgewebe empfohlen. Wird dieses nicht verwendet, ist auf Dächern mit einer Neigung von 15° bis zu 20° keine extensive Dachbegrünung standsicher montierbar. Ohne Verwendung des genannten Produkts besteht die Gefahr des Abrutschens der Konstruktion mit der Folge einer Gefährdung von Leib und Leben. [4]

Im Rahmen der Bepflanzung der extensiven Dachbegrünung ist zudem zu evaluieren, ob die entsprechenden *Lichtverhältnisse* gegeben sind. Eine Pflanze, die einen hohen Lichtbedarf aufweist, jedoch nur unzureichend mit Licht versorgt wird, wird mit der Zeit absterben. Die adäquate Auswahl der Pflanzen kann bei den Fachfirmen, wie beispielsweise der ZinCo GmbH oder der Optigrün international AG, ermittelt werden. Bei extensiven Begrünungen ist darüber hinaus zu berücksichtigen, dass die Vegetationsformen naturnah gestaltet werden, damit sich diese auf dem Dach weitgehend selbstständig weiterentwickeln und versorgen. [2]

Darüber hinaus muss die Möglichkeit bestehen, dass extensiv begrünte Dächer im Rahmen von zwei *jährlichen Prüfungen* auf potenzielle Probleme und Ausführungsfehler zu untersuchen sind, um den Gesamtzustand des Begrünungssystems zu bewerten. In diesem Kontext erfolgt zudem die Beseitigung unerwünschter Pflanzen, welche beispielsweise durch Windeintrag auf das Dach gelangen. Dadurch wird sichergestellt, dass sich ausschließlich die ausgewählten Pflanzen ausbreiten und es zu keinen Systemproblemen, beispielsweise bei der Dachabdichtung wegen Durchwurzelung, kommt. [2]

Unter der Voraussetzung, dass alle genannten Ausschlusskriterien der Gebäudecharakteristika erfüllbar sind, kann der Bauherr nach der Abb. 4.1 eine extensive Dachbegrünung in Auftrag geben.

Im Falle einer beabsichtigten Intensivbegrünung ist seitens des Bauherrn ein Nachweis über die *Tragfähigkeit des Dachs* mit einer Mindesttraglast von 3 kN/m^2 zu erbringen [3]. Im nächsten Schritt ist der *Neigungswinkel* zu überprüfen, sofern das Dach das Gewicht trägt. Bei einer Intensivbegrünung mit einer Substratschüttung von mehr als 15 cm ist ein Neigungswinkel zwischen 0 und 5° erforderlich, da bei steileren Neigungen ohne Sicherungssysteme die Gefahr des Abrutschens besteht, was eine Gefährdung von Leib und Leben zur Folge haben kann [5]. Bei einem Neigungswinkel von mehr als 5° sind daher Schubsicherungssysteme zu prüfen, alternativ kann eine andere Variante der Intensivbegrünung, beispielsweise mit Modulen, in Erwägung gezogen werden. Eine Extensivbegrünung stellt ebenfalls eine Ausweichmöglichkeit dar. [5]

Im Gegensatz zur Extensivbegrünung umfasst die Intensivbegrünung zudem häufig Pflanzenarten, die anspruchsvolle *Lebensansprüche* haben. Daher ist es von essenzieller

Bedeutung, zu überprüfen, ob die ausgewählten Pflanzenarten auch beispielsweise die erforderliche Lichtmenge erhalten. Andernfalls ist davon auszugehen, dass die Pflanzen mit der Zeit absterben werden. [2]

Als nächstes ist zu prüfen, ob die Möglichkeit besteht, die Dachbegrünung in *regelmäßigen Abständen zu warten*. Denn eine Intensivbegrünung umfasst eine Vielzahl unterschiedlicher Pflanzen, die eine externe Nährstoff- und Wasserversorgung auf dem Dach benötigen [2]. Sofern diese Möglichkeit nicht gegeben ist, ist auf eine Extensivbegrünung zurückzugreifen. Hervorzuheben ist, dass sofern eine intensive Dachbegrünung realisierbar ist, auch immer eine extensive Dachbegrünung möglich ist, da die Anforderungen geringer sind.

Unter der Voraussetzung der Erfüllung der genannten Kriterien laut Abb. 4.1 für die Intensivbegrünung besteht für den Bauherrn die Möglichkeit, eine entsprechende intensive Begrünung auf dem Dach vorzunehmen.

Die in diesem Kapitel präsentierte Entscheidungsmatrix für die Dachbegrünung wird in Abb. 4.1 veranschaulicht:

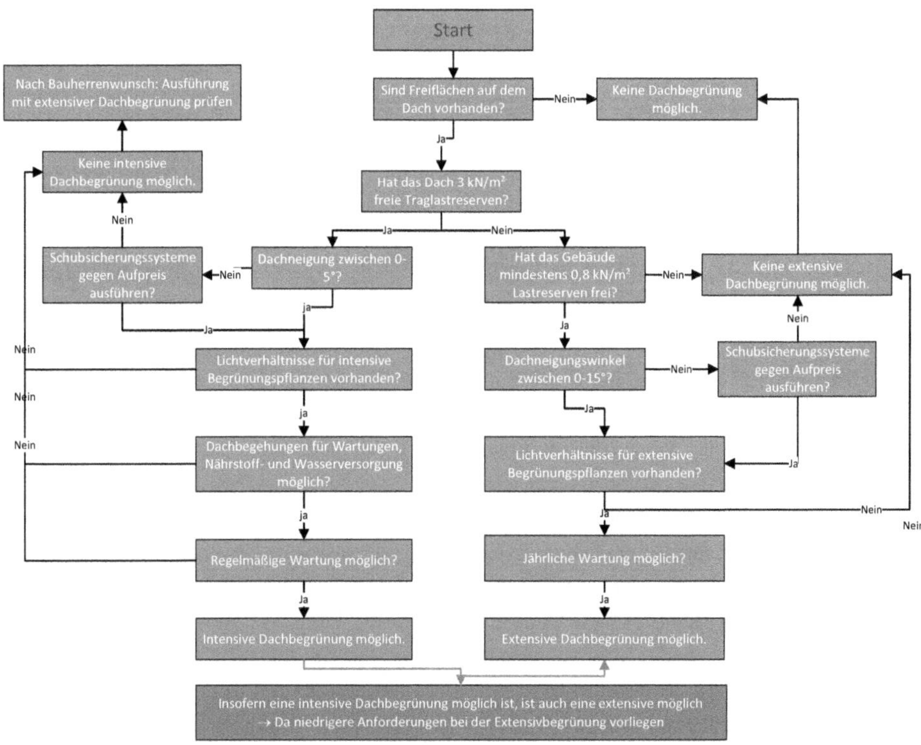

Abb. 4.1 Entscheidungspfad Dachbegrünung bei den Gebäudecharakteristika

Auch die Begrünung der Fassadenflächen von Gebäuden ist neben der Dachbegrünung möglich. Die gängigen Formen der boden- und wandgebundenen Begrünung sind in Abschn. 2.3 vorgestellt. Im Folgenden wird ein Entscheidungsbaum konzipiert und dargestellt, welcher den Bauherrn bei der *Entscheidungsfindung hinsichtlich einer der Fassadenbegrünungen* unterstützt. In diesem Zusammenhang erfolgt analog zur zuvor dargestellten Dachbegrünung ausschließlich eine Betrachtung der Gebäudecharakteristika.

Im ersten Schritt ist zu prüfen, ob die *Fassadenfläche frei von Hindernissen* ist. Diesbezüglich ist insbesondere in dicht bebauten Innenstädten zu berücksichtigen, dass viele Gebäude direkt oder nur mit sehr geringem Abstand an das nächste Bauwerk angrenzen. An solchen Fassadenflächen sind aus Platzgründen keine Fassadenbegrünungen möglich. Außerdem ist das Anbringen von Begrünung an Glas- oder Pfosten-Riegel-Fassaden aus gestalterischen Gründen nicht ratsam, da dies zu einer Beeinträchtigung des angestrebten architektonischen Stils sowie zu einer Einschränkung der Innenraumbeleuchtung führen kann.

Sofern freie Fassadenflächen am Gebäude identifizierbar sind, ist im nächsten Schritt zu prüfen, ob eine jährliche Begehung zur Entfernung von Totholz bzw. allgemeinen *Wartungs- und Instandhaltungsarbeiten* möglich ist. Sind die Platzbedingungen zu eng und die Fassaden nicht aus dem Gebäude z. B. über ein Gerüst oder einen Hubwagen von außen erreichbar, ist die ordnungsgemäße Pflege der Begrünung von vornherein ausgeschlossen. [2]

Wenn die Wartung durch eine der genannten Möglichkeiten realisierbar ist, ist der *Boden- und Bodenwasseranschluss* zu prüfen. Ist ein entsprechender Anschluss vorhanden, muss die *Qualität des Erdreiches* auf Nährstoffe, lockere Bodendichtheit und Kontaminationsfreiheit untersucht werden. Zeigt die Analyse, dass der Boden nicht über die erforderlichen Nährstoffe verfügt, zu stark verdichtet ist oder eine Kontamination aufweist, ist er auszutauschen. Andernfalls ist eine bodengebundene Begrünung nicht möglich. Im Falle eines Bodenaustausches auf Kosten des Bauherrn oder bei Erfüllung der genannten Kriterien kann das nächste Kriterium geprüft werden. Im Folgenden konzentriert sich die Betrachtung auf die vorherrschenden *Lichtverhältnisse* an der gegebenen Fassadenfläche. Lässt sich für die Fläche keine entsprechende Pflanzenauswahl aus den Fassadenbegrünungsrichtlinien der Forschungsgesellschaft Landschaftsentwicklung Landschaftsbau (FLL) identifizieren, etwa weil es zu hell oder zu dunkel ist, dann ist eine Fassadenbegrünung nicht möglich. [2]

Im Anschluss ist zu klären, ob die ausgewählte Pflanze *mit oder ohne Haftorgane* wächst. Der Begriff „Haftorgan" bezeichnet hierbei spezialisierte Strukturen, welche es den Pflanzen ermöglichen, sich an vertikalen und horizontalen Oberflächen festzuklammern und anzuhaften. Als Beispiel kann der bereits erwähnte Efeu oder Wilder Wein angeführt werden, der sich entweder mit sogenannten Haftwurzeln oder Haftscheiben an rauen Strukturen festhält. Im Falle der Verwendung von Haftscheiben durch die Pflanze, wird eine klebrige Substanz durch diese Haftorgane freigesetzt, wodurch eine Verbindung mit der Wand hergestellt wird. Die Verankerung erfolgt bei Haftwurzeln mithilfe feiner, kleiner Auswüchse, welche sich in die raue Oberfläche einer Wand einbinden. [6]

Im Falle beider Haftorgane ist eine detaillierte *Prüfung der Primärkonstruktion* der Fassade unerlässlich, um sicherzustellen, dass eine ausreichende Rauigkeit gegeben ist, um eine Verankerung der Pflanze zu ermöglichen. Zudem ist eine Analyse der Primär- und Sekundärkonstruktion erforderlich, um deren Eignung hinsichtlich der *Tragfähigkeit* des zu erwartenden Gewichts der Efeufläche zu bestimmen. Ein zu hohes Gewicht des Selbstklimmers für die Fassade kann zu einem lebensgefährlichen Momentum für die Personen vor dem Gebäude führen. Dies ist beispielsweise dann der Fall, wenn die Fassade nachgibt und Teile vom Gebäude abbrechen. Die Folge ist in diesem Fall eine umfassende Sanierung der Fassade, was mit hohen Kosten verbunden ist. Das System mit Selbstklimmer wiegt tropfnass bei ungehemmtem Wuchs etwa 170 kg bis 2230 kg pro Pflanze. [7]

Sofern sich die Fassade für Haftorgane eignet, ist es im nächsten Schritt möglich, dass der Bauherr eine bodengebundene Bepflanzung mit Selbstklimmern in Auftrag gibt. Sollte die Fassade jedoch nicht die Anforderungen eines Selbstklimmers erfüllen, kann der Bauherr alternativ eine bodengebundene Begrünung mit einer vorhängten Tragkonstruktion montieren lassen. Im Anschluss daran ist zu evaluieren, ob das Gebäude die Tragkonstruktion mit Gerüstkletterpflanzen, wie z. B. Blauregen, tragen kann. Es sind mit Lasten zwischen 6 und 21 kg/m^2 zu kalkulieren. Außerdem ist zu berücksichtigen, dass auch bestimmte Pflanzenarten toxisch sind, wie beispielsweise der genannte Blauregen. Aus sicherheitstechnischen Gründen ist die Pflanze daher für bestimmte Gebäude, wie Schulen oder Kindergärten, ungeeignet. [7]

Falls zu Projektbeginn feststeht, dass *kein Bodenanschluss* vor dem Gebäude vorhanden ist, muss die zweite Art der Fassadenbegrünung in Betracht gezogen werden. Diese Form der Fassadenbegrünung wird als wandgebundene Begrünung bezeichnet.

Die verwendbaren Pflanze sind auf ihre *jeweiligen Sonnenbedürfnisse* erforderlich zu prüfen. Eine inadäquate Versorgung mit Licht kann zu Schäden an den Pflanzen führen und somit die Wirkung der Begrünung beeinträchtigen. In diesem Zusammenhang sind die Fassadenrichtlinien der Forschungsgesellschaft Landschaftsentwicklung Landschaftsbau e. V. (FLL) heranzuziehen. Die Forschungsgesellschaft hat dieser Richtlinie eine ausführliche Liste beigefügt, aus der die jeweiligen Lichtbedingungen und die entsprechenden zu verwendenden Pflanzen ersichtlich sind. Außerdem erfordert die wandgebundene Begrünung die Prüfung der Möglichkeit einer adäquaten *Nährstoff- und Wasserversorgung* der einzelnen Pflanzebenen. Eine Realisierung der wandgebundenen Begrünung ist folglich nicht möglich, wenn eine Installation eines entsprechenden Versorgungsystems nicht erfolgen kann. [7]

Außerdem ist die *Primär- und Sekundärkonstruktion zu prüfen*, ob diese dem geplanten Eigengewicht der Pflanzengefäße, modularer Systeme oder flächiger Konstruktionen mit Pflanzen sowie mit deren Früchten, Schnee- und Windlasten standhält. Diesbezüglich ist ein statischer Nachweis zwingend erforderlich. Das Gewicht mit einem linearen Pflanzengefäß beträgt etwa 450–550 kg/ Laufmeter. Bei einer modularen Wandbegrünung etwa 30–220 kg/m^2 und bei einer flächigen Wandbegrünung etwa 30–35 kg/m^2. Ist der Nachweis erfüllt, lässt sich das jeweils erfüllte oder gewollte System des Bauherrn ausführen. [7]

An dieser Stelle sei darauf hingewiesen, dass auch bei vorhandenem Bodenanschluss eine wandgebundene Begrünung gewählt werden kann. Denn der Bodenanschluss kann, muss aber nicht für die Begrünung genutzt werden, wenn einer vorhanden ist. Im umgekehrten Fall ist dies nicht möglich. D. h. ohne Bodenanschluss ist keine bodengebundene Begrünung möglich.

Die in diesem Kapitel präsentierte Entscheidungsmatrix für die Fassadenbegrünung ist in Abb. 4.2 veranschaulicht:

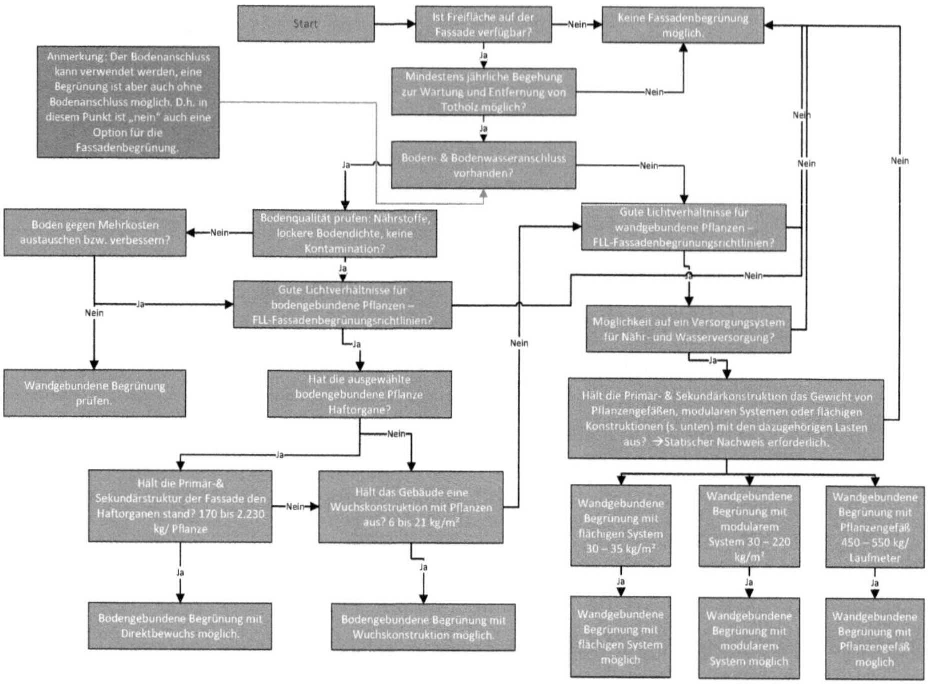

Abb. 4.2 Entscheidungspfad Fassadenbegrünung bei den Gebäudecharakteristika

4.2.2 Ökonomische Gesichtspunkte

Die vorliegende Ausarbeitung fokussiert sich insbesondere auf die ökologischen Faktoren der Gebäudebegrünung, wie sie im Abschn. 4.3 dargelegt werden. Für Bauherren sind jedoch auch die Herstellungskosten und die späteren Unterhaltskosten einer Begrünung von entscheidender Bedeutung. Daher werden diese Aspekte im Folgenden näher beleuchtet.

Die Angabe exakter Kostenkennwerte, die in der Praxis zur Anwendung kommen, ist aufgrund der individuellen Unterschiede zwischen den einzelnen Gebäuden schwierig. Vor diesem Hintergrund erfolgt daher ein *qualitativer Vergleich der Kostenauswirkungen* verschiedener Begrünungsformen auf Dach und Fassade mit anschließender *Nennung ungefährer Kostenkennwerte*. Die dargestellten Werte sind jedoch, wie bereits angeführt, variabel und dienen lediglich als Orientierung, um einen Eindruck von den zu erwartenden Kosten zu gewinnen. Da Angebote in der Praxis von einer Vielzahl von Faktoren, wie beispielsweise einer veränderten Marktlage, beeinflusst werden, weichen die tatsächlichen Kosten von den hier genannten Werten ab.

Der *Investitionsaufwand* für eine Fassadenbegrünung lässt sich wie folgt beschreiben. Exemplarische Kostenwerte sind bspw. in Tab. 4.1 abgebildet: Im Falle einer bodengebundenen Begrünung, welche aus Selbstklimmern, wie beispielsweise Efeu besteht, sind die Kosten gering. Der Wert erhöht sich auf gering bis mittel, wenn Gerüstkletterpflanzen zum Einsatz kommen. Dies ist auf die zusätzlich benötigte Tragkonstruktion und Kletterhilfen zurückzuführen. Im Falle einer wandgebundenen Begrünung mit Pflanzengefäßen ist von einem kostenintensiven Faktor auszugehen, da Investitionen für Pflanzengefäße, technisches Substrat, Dünger sowie gegebenenfalls eine Bewässerungsanlage erforderlich sind. Die höchsten Kosten sind bei einer wandgebundenen Begrünung mit Pflanzen zu veranschlagen, die senkrecht an der Fassade hochwachsen. Denn für die Erfüllung der hohen Anforderungen an die Tragkonstruktion sind kostenintensive Maßnahmen zu treffen. Des Weiteren ist zu berücksichtigen, dass die Begrünung ein integriertes Bewässerungssystem sowie einen Feuchtigkeits- und Durchwurzelungsschutz auf den dahinterliegenden Wänden erfordert, um späteren Schäden vorzubeugen. [8]

Die *Herstellungskosten* belaufen sich gemäß Marktauswertungen von Pfoser, N. [5, 12] bei einer bodengebundenen Begrünung mit Direktbewuchs auf 0,40 €/m^2, bei einer bodengebundenen Begrünung mit einer Wuchskonstruktion auf 36–95 €/m^2, bei einer wandgebundenen Begrünung in Regalbauweise auf 230–1000 €/m^2, bei einer wandgebundenen Begrünung in modularer Bauweise auf 370–1100 €/m^2 und bei einer wandgebundenen Begrünung in flächiger Bauweise auf 400–1200 €/m^2.

Zukünftig sind zudem *Pflege- und Instandhaltungskosten* zu berücksichtigen ebenso für Rückschnitte oder Systemkontrollen. Der Pflegeaufwand ist bei bodengebundenen Begrünungen als eher gering einzustufen, da ein bis drei Pflegegänge pro Jahr ausreichend sind. Im Falle einer wandgebundenen Begrünung ist der Pflegeaufwand als mittel bis hoch kategorisiert, da die Pflanzen zwei bis drei oder mehr Pflegegänge pro Jahr benötigen. Des Weiteren sind bei einer wandgebundenen Begrünung aufgrund der extremen Situation mit Pflanzenaustausch sowie der Änderung der Bewässerungssystematik und der Nährstoffversorgung zusätzliche Maßnahmen zu berücksichtigen. Im Rahmen der Instandhaltung werden bodengebundene Begrünungen als geringer Kostenfaktor eingestuft, da lediglich eine regelmäßige Kontrolle der Kletterhilfen erforderlich ist. Wandgebundene Begrünungen mit Pflanzengefäßen werden hinsichtlich des Instandhaltungsaufwands als mittel bewertet, da hier in regelmäßigen Abständen eine Prüfung der Tragkonstruktion sowie der Wasser- und Nährstoffversorgung erforderlich ist. Die Einstufung der wandgebundenen Begrünung in modularer oder flächiger Bauweise sind mit hohem Instandhaltungsaufwand begründet, da eine regelmäßige Prüfungen der Tragkonstruktion, der Nährstoff- und Wasserversorgungsanlage sowie des Durchwurzelungsschutzes erforderlich ist. Zudem ist die Bereitstellung eines technischen Supports bei einem Ausfall des Bewässerungssystems vorzusehen. [8]

Pfoser, N. [5, 12] *beziffert die jährlichen Pflege- und Wartungskosten* pro Quadratmeter bei einer bodengebundenen Begrünung mit Direktbewuchs auf etwa 15 €, bei einer bodengebundenen Begrünung mit Tragkonstruktion auf 10–20 €. Für eine wandgebundene Begrünung in Regalbauweise werden 10 € veranschlagt, für eine wandgebundene Begrünung in modularer Bauweise 37 € und für eine wandgebundene Begrünung in flächiger Bauweise 40 €.

In Bezug auf Dachbegrünungen ist eine Differenzierung zwischen extensiver und intensiver Ausführung erforderlich. Gemäß Köhler, M. et al. [10] weist eine extensive Dachbegrünung eine Systemhöhe von 5 bis 15 cm auf. Eine intensive Begrünung hat hingegen eine Systemhöhe ab 25 cm. In Bezug auf die *Herstellungskosten* lässt sich festhalten, dass diese bei einer Extensivbegrünung aufgrund des geringeren Aufbaus als gering eingestuft werden, während bei einer Intensivbegrünung mit hohen Kosten zu rechnen ist. Denn Intensivbegrünungen werden auch zur Begehung ausgelegt, wodurch sich die Kosten für die optische Gestaltung sowie für Absturzsicherungen erhöhen. [2, 10]

Die Optigrün international AG gibt an, dass mit *Mindestherstellungskosten* ab 23 €/m² für eine Extensivbegrünung auf einem Schrägdach mit 8 cm Aufbau zu rechnen ist. Die genannten Kosten können sich durch die Realisierung weiterer Ausführungswünsche oder Variationen, wie beispielsweise der Aufbauhöhe, erhöhen. [11]

Als Referenzwert für die *Herstellungskosten* für eine extensive Begrünung nennen Köhler, M. et al. [10] bei ein- oder mehrschichtigen Schichtaufbauten von 5 bis 15 cm Kosten von ca. 30 bis 50 €/m² im Jahr 2022.

Die Kosten für die Herstellung einer Intensivbegrünung werden von der Optigrün international AG [11] mit einem Betrag von mindestens 55 €/m² angegeben. Als Referenzwert für die Herstellungskosten für eine intensive Begrünung geben Köhler, M. et al. [10] bei ein- oder mehrschichtigen Schichtaufbauten ab 25 cm Herstellkosten ab ca. 80 €/m² im Jahr 2022 an.

Instandhaltungskosten werden bei extensiver Dachbegrünung als gering und bei intensiver Dachbegrünung als hoch eingestuft. Der Grund hierfür liegt darin, dass extensive Dächer als autarke Dächer konzipiert sind und lediglich eine jährliche Begehung erforderlich ist. Bei Intensivdächern ist eine regelmäßige Pflege zu planen, die einer Gartenpflege entspricht. Zudem ist eine Kontrolle des Bewässerungssystems und der weiteren Dacheinrichtungen erforderlich. [2, 10]

Laut Pfoser, N. [5, 12] sind bei extensiven Dachbegrünungen mit einer Aufbauhöhe zwischen 5 bis 15 cm mit *Pflege- und Wartungskosten* von 1,50 bis 3,00 € pro Quadratmeter im Jahr zu rechnen. Für eine intensive Dachbegrünung sind 3,50 bis 5,00 € pro Quadratmeter im Jahr zu berücksichtigten. [5, 12]

Die Gebäudebegrünung führt jedoch auch zu einer *Substitution von Kosten*. Denn beispielsweise kann bei einer wandgebundenen, vollflächigen oder modularen Begrünung auf eine darunterliegende Sichtfassade z. B. aus Naturstein oder Metall verzichtet werden. In der Praxis liegen die Herstellungskosten für z. B. Natursteinfassaden in der Regel bei etwa 300 € pro Quadratmeter. Außerdem bietet eine Fassadenbegrünung diverse Vorteile, beispielsweise hinsichtlich des Wärmeschutzes oder Schallschutzes, wie in Abschn. 4.3 dargelegt. Diese sollten bei einer Kostenabschätzung monetär nach den Anliegen des Bauherrn bewertet werden. [5, 12]

Auch durch eine Dachbegrünung kann von einer *Kostenersparnis* ausgegangen werden, da beispielsweise eine Kiesschüttung nicht erforderlich ist und eine längere Lebenszeit erreicht wird. In der Literatur findet sich die Aussage, dass sich die Kosten für Dachbegrünungen innerhalb von 30 Jahren amortisieren. Allerdings ist diese Aussage im Rahmen einer individuellen Kosten-Nutzen-Analyse zu überprüfen. [13]

Des Weiteren werden Gebäudebegrünungsmaßnahmen von Kommunen und Ländern (vgl. Anhang 1 [14]) unter bestimmten Voraussetzungen mit *Förderprogrammen* bezuschusst [15]. Die Stadt Mannheim fördert beispielsweise Dachbegrünungen ab einer Größe von 15 m² mit einem Betrag von bis zu 20 €/m², wobei eine Obergrenze von 4000 € gilt. Voraussetzung ist, dass die begrünte Fläche mindestens 10 Jahre lang erhalten bleibt. Bei Fassadenbegrünungen werden pro Maßnahme Beiträge in Höhe von 200 € bis zu 3000 € gefördert. [16]

Zur besseren Übersicht sind in Tab. 4.1 beispielhafte Kostenkennwerte für die Herstellungs- und Instandhaltungskosten von Pfoser, N. [5, 12] und Köhler, M. et al. [10] zusammengefasst aufgeführt. In Ergänzung dazu erfolgt eine Darstellung der Lebenszykluskosten für den Zeitraum von 20 Jahren. In diesem Zusammenhang werden die Herstellungskosten mit den 20-jährigen Instandhaltungskosten in einer Nullzinsrechnung addiert. Dabei ist zu beachten, dass es sich um exemplarische Kostenwerte handelt, die in der Praxis aufgrund unterschiedlicher Randbedingungen abweichen.

Tab. 4.1 Herstellungs- und Wartungskosten für die Gebäudebegrünungssysteme [5, 10, 12]

Begrüngsform	Herstellungskosten	Instandhaltungskosten pro Jahr	Lebenszykluskosten für 20 Jahre
Bodengebundene Fassadenbegrünung mit Direktbewuchs	0,40 €/m²	15 €/m²	300,40 €/m²
Bodengebundene Fassadenbegrünung mit einer Wuchskonstruktion	36–95 €/m²	10–20 €/m²	236–495 €/m²
Wandgebundene Fassadenbegrünung in Regalbauweise	230–1000 €/m²	10 €/m²	430–1200 €/m²
Wandgebundene Fassadenbegrünung in modularer Bauweise	370–1100 €/m²	37 €/m²	1110–1840 €/m²
Wandgebundene Fassadenbegrünung in flächiger Bauweise	400–1200 €/m²	40 €/m²	1200–2000 €/m²
Extensive Dachbegrünung	30–50 €/m²	1,50–3,00 €/m²	60–110 €/m²
Intensive Dachbegrünung	ab 80 €/m²	3,50–5,00 €/m²	ab 150–180 €/m²

4.3 Ökologische Gesichtspunkte

4.3.1 Umgang mit Temperaturanomalien im urbanen Umfeld

Die Gebäudebegrünung eröffnet ein breites Spektrum an Möglichkeiten, die Lebensqualität der Menschen in urbanen Gebieten zu verbessern. Zu den ökologischen Vorteilen, welche durch die Integration von Gebäudegrün im urbanen Raum erzielt werden können, zählt auch die Möglichkeit, die Auswirkungen der vorherrschenden Temperaturanomalien durch Pflanzen zu reduzieren. [12]

Im Folgenden wird dargelegt, wie es zu den Temperaturanomalien kommt und weshalb dieser Effekt insbesondere in dicht bebauten Innenstädten auftritt. Des Weiteren wird erörtert, inwiefern die Gebäudebegrünung auf dem Dach und der Fassade dazu beitragen kann, die vorherrschenden Temperaturanomalien zu kompensieren. Darüber hinaus soll die Frage geklärt werden, welche qualitativen bzw. konkreten Verbesserungen für die Nutzer durch die Implementierung spezifischer Begrünungssysteme zu erwarten sind.

Der durch den Menschen verursachte *Klimawandel*, welcher u. a. auf die hohen Emissionen an Treibhausgasen in der Umwelt zurückgeführt wird, bewirkt eine kontinuierliche Erderwärmung und erschwert die Lebensbedingungen global. Diese These wird durch den Bericht „Summary for Policymakers" des Intergovernmental Panel on Climate Change (IPCC) [17] bestätigt und näher erläutert: Demnach wird die 2 °C-Erwärmungsmarke bis Mitte des 21. Jahrhunderts überschritten. Von entscheidender Bedeutung ist dabei aus diesem Bericht die Erkenntnis, dass sich die Erde nicht einheitlich erwärmt. Während Landmassen eine überdurchschnittlich stärkere Erwärmung aufweisen, ist die Erwärmung der Ozeane weniger stark ausgeprägt. Konkret auf Deutschland bezogen, lässt sich aus dem Bericht ableiten, dass bei Einhaltung des globalen 2 °C – Ziels die durchschnittliche Temperatur in Deutschland um 3 °C ansteigen wird. [17]

Allerdings ist der beschriebene Effekt der *ungleichmäßigen Erwärmung* auch auf Deutschland projizierbar. Denn Ballungsgebiete bzw. dicht besiedelte urbane Räume weisen eine überdurchschnittlich stärkere Erhitzung auf als Naturräume bzw. dünn besiedelte Gebiete. Dieser Effekt wird als Hitzeinsel – Effekt bzw. Urban Heat Islands – Effekt (UHI) bezeichnet. Gemäß Oke, T. [18] kann die Differenz zwischen den Temperaturen in ländlichen Gebieten und in städtischen Zentren bis zu 12 °C betragen. Zur Veranschaulichung des UHI – Effekts sei an dieser Stelle das Beispiel an Wien illustriert (vgl. Abb. 4.3 [19]): Es gibt zwei konkrete Auslöser für die erhöhten Temperaturen in den Innenstädten, die im Rahmen dieses Kapitels beschrieben werden. Zum einen ist es die erforderliche *Wärmekapazität* in J/[g*K], die benötigt wird, um ein Gramm Material bei einer Temperatur von 20 °C um 1 °C zu erwärmen. Asphalt: 0,92; Ziegel: 0,84; Beton: 0,88; trockene Erde: 0,80; Wasser: 4,18 und feuchte Erde: 1,48. [20]

Das bedeutet, dass Wasser mehr als viermal so viel Energie benötigt wie Asphalt, um sich um ein Grad zu erwärmen. Auch feuchter Boden benötigt 85 % mehr Wärme als trockener Boden, um sich um ein Grad zu erhitzen. In den Innenstädten gibt es im Verhältnis mehr dieser leicht zu erwärmenden Materialien und auch eine größere Masse dieser Materialien als in der ländlichen Umgebung, was zu einer schnelleren Erwärmung führt.

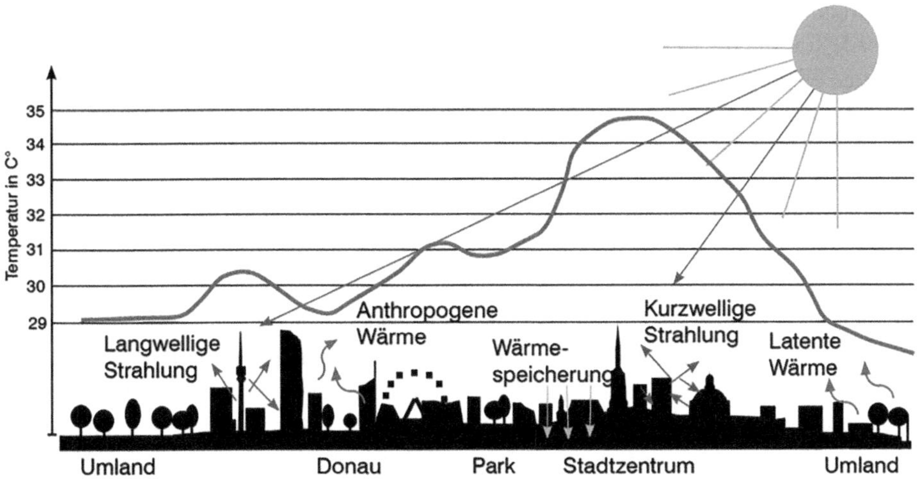

Abb. 4.3 UHI – Effekt am Beispiel Stadt: Wien [19]

Ein weiterer Grund ist der sogenannte *Albedo-Effekt* in Verbindung mit dem Einfallswinkel der Sonnenstrahlen auf die Gebäude. Perfekt helle Körper reflektieren die Sonnenstrahlen und nehmen keine Wärmeenergie auf, während perfekt dunkle Körper die Sonnenstrahlen nicht reflektieren und sich aufheizen. Wenn z. B. Sonnenstrahlen auf weiße Dächer treffen, werden sie mit ihrer Wärmeenergie zu 65 bis 80 % in die Atmosphäre zurückgestrahlt. Dunkle Materialien, wie z. B. Beton, reflektieren nur einen geringen Anteil von ca. 14% bis 22% und heizen damit die Städte aktiv auf. Entscheidend sind aber die Fassaden der Innenstädte, da sie einen flächenmäßig hohen Anteil ausmachen. Einerseits absorbieren sie die Strahlung und Wärme selbst, andererseits wird der Rest der Strahlung in die Innenstadt auf andere Gebäude reflektiert. Dieser Prozess wiederholt sich dabei an den verschieden angestrahlten Fassaden. Zur Folge hat dies, dass in hoch verdichteten Innenstädten die Strahlung nicht mehr entweichen kann und sich die Umgebung stärker aufheizt als in dünn besiedelten Gebieten. [10]

Diesen hohen Temperaturen kann durch die Integration von Begrünung in den Innenstädten entgegengewirkt werden, da Pflanzen verschiedene positive Aspekte gegen die Überhitzung aufweisen. Ein wesentlicher positiver Effekt ist die *Evapotranspiration bzw. Verdunstungskälte* der Pflanzen. Diese wird von Köhler, M. et al. [10] als möglicher Schlüssel zur Wärmeabfuhr bezeichnet. Sollte es beispielsweise einer Pflanze zu warm werden, kann sie keine Photosynthese zur Energiegewinnung betreiben. Deshalb beginnt sie mit der Zeit, Wasser über ihre Strukturen zu verdunsten. Dadurch kühlt sie sich so weit ab, dass ihre Temperatur unter der Lufttemperatur liegt und eine effektive Photosynthese möglich ist. Beim Verdunsten wird vom latenten Wärmefluss gesprochen. Diese Technik nutzen Pflanzen, solange sie über Wasser verfügen. Durch die Abgabe und Verdunstung von Wasser wird zusätzlich auch der Umgebung große Energiemengen entzogen, was zu einer zusätzlichen Abkühlung in der näheren Umgebung der Pflanze führt. Die Verdunstungskälte von einem m^3 Wasser entspricht etwa 680 kWh [21]. Entscheidend ist auch, dass durch die Evapotranspiration keine neue Abwärme, CO_2 oder Lärm entsteht, wie dies bei einer Klimaanlage der Fall ist. [10]

Darüber hinaus bieten Begrünungen bei hoher Dichte einen *Wärmeschutz* für dahinter liegende Bauwerke, da das Geflecht die Sonneneinstrahlung nicht durchlässt und somit Schatten bildet. Dieser Effekt wurde in verschiedenen Messungen nachgewiesen, z. B. am „Flower Tower" in Paris im August 2011 auf der Südseite. Bei den Temperaturmessungen betrug die Umgebungstemperatur 36 °C, die Betonwandoberfläche 45 °C, die Begrünung 33 °C und die Wandoberfläche hinter der Begrünung 31 °C. Es konnte also ein Temperaturunterschied von 14 °C durch die Begrünung nachgewiesen werden. [12]

Darüber hinaus kann durch die Kühlung der Fassadenoberflächen ein aktiver Beitrag zur Reduzierung der *Wärmeabstrahlung* geleistet werden. Das liegt daran, dass der an den Fassaden entlang strömende Wind an kühleren Fassaden weniger Wärme aufnehmen kann, wodurch es in der Stadt kühler bleibt, und der thermische Hitzestress reduziert wird. [10]

Zur Verdeutlichung dieser energetischen Prozesse seien *folgende Zahlenwerte* von Köhler, M. et al. [10] in Anlehnung an Krusche, P. et al. [22] und weitere Autoren genannt. Bei einer Fassadenbegrünung mit 100 % eingestrahlter Sonnenenergie werden 30 % verdunstet, 18 % reflektiert, 30 % emittiert, 18 % transmittiert und 4 % zur Photosynthese genutzt. Durch diese Eigenschaften ist eine Absenkung der Gebäudeoberflächentemperatur wie beim „Flower Tower" realisierbar.

Neben der Umweltwirkung um das Gebäude herum wirkt sich die Gebäudebegrünung auch positiv auf den *Wärmedurchlasswiderstand* der begrünten Wandkonstruktionen aus. Dies ist für die Nutzerinnen und Nutzer in Form von besserer Konzentrationsfähigkeit und höherer Lebensqualität von Vorteil. Dieser Mehrwert ergibt sich aus der geringeren Oberflächentemperatur an der Fassade. [10]

Ottelé, M. [23] hat in seiner Dissertation rechnerisch nachgewiesen, dass bei einem 20 cm dicken massiven Vollmauerwerk die Begrünung mit einer 20 cm dicken Kletterpflanzenschicht den Wärmedurchlasswiderstand der Wand um 24,3 % verbessert. Bei einer wandgebundenen Begrünung mit 20 cm dicken Pflanzmodulen und einer 10 cm dicken Vegetationsschicht konnte sogar eine Verbesserung um 123 % nachgewiesen werden.

Der temperatursenkende Effekt ist auch bei Dachbegrünungen vorhanden. Entscheidend ist dabei die Höhe der Substratschicht mit dem Aufbau und der Wasserspeicherfähigkeit. Denn 1 m^3 Wasser liefert eine Verdunstungskälte von 680 kWh [21]. Je größer die Wasserspeicherkapazität einer Dachbegrünung, desto größer ist die Menge an *Verdunstungskälte*, die sie an heißen Tagen zur Verfügung stellen kann. Dabei hat eine Intensivbegrünung einen höheren Aufbau als eine Extensivbegrünung, woraus zu schließen ist, dass die Intensivbegrünung bei ähnlichen Substrateigenschaften und Feuchtigkeit auch mehr Verdunstungskälte für die Umgebung erzeugt. [10]

Als Beispiel für den Kühleffekt kann ein Gebäude aus Norddeutschland angeführt werden, bei dem durch ein 10 cm dickes extensiv begrüntes Dach die *Wärmedämmung* gegenüber einem Kiesdach zwischen 3 % und 10 % verbessert wurde. [24]

4.3.2 Bildung von Wasserretentionsflächen

Wasser ist eine überlebenswichtige Ressource für den Menschen, aber auch für alle anderen Lebewesen und Organismen auf der Erde. Es ist unentbehrlich für bekannte Lebens-

Abb. 4.4 Beispiel Versiegelung in Ludwigshafen [26]

formen und bietet durch seine Eigenschaft der Wärmekapazität zudem, wie in Abschn. 4.3.1 beschrieben, wesentliche Temperaturvorteile für Städte. Um diese Vorteile zu nutzen, benötigen Städte ein Konzept zur Wasseraufnahme und -speicherung. [10]
Entgegen der heutigen Auffassung wurden dabei Städte und insbesondere Ballungsräume in der Vergangenheit nicht mit dem Ziel der Wasserspeicherung gebaut, da dies in der Vergangenheit keine große Rolle spielte. Insbesondere nach dem Zweiten Weltkrieg ging es in erster Linie darum, schnell wieder nutzbaren Siedlungs- und Industrieraum zu schaffen. [25]

Ökologische Gesichtspunkte traten dabei in den Hintergrund, sodass die Realität in den Städten heute einen *hohen Versiegelungsgrad* aufweist. Beispielsweise hat Ludwigshafen am Rhein nach einer Studie des Gesamtverbandes der Versicherer (GDV) einen Versiegelungsgrad von ca. 67 % im Stadtgebiet und damit den höchsten bundesweit. Die versiegelte Fläche umfasst asphaltierte, bebaute und betonierte Flächen, wie in Abb. 4.4 [26] an Ludwigshafen am Rhein dargestellt. Bundesweit sind laut GDV 13.090,5 km^2 bzw. 44,23 % der Siedlungsfläche versiegelt. [27]

Zudem folgen städtische Siedlungsgebiete sogar bis heute häufig dem Prinzip, Regenwasser möglichst schnell über die Kanalisation abzuleiten. Dies hat zur Folge, dass das in den Städten benötigte Kühlmedium Wasser direkt abgeleitet wird. Hinzu kommt, dass durch den Klimawandel mit immer stärkeren Extremwetterereignissen und den damit verbundenen höheren Abflussspitzen die Gefahr besteht, dass die Kanalisation diesen nicht mehr standhalten kann. Bei Starkregenereignissen steigt daher die Wahrscheinlichkeit, dass sich das Wasser im Stadtgebiet staut und es zu pluvialen *Überflutungen* kommt. In der Folge kommt es zu aufwendigen und teuren Sachschäden bis hin zu Personenschäden. [10]

Eine Lösung für diese auftretenden Probleme ist die Umgestaltung der Städte nach dem *Schwammstadt-Prinzip*. Dieses erfordert technische und planerische Kompetenz, da versiegelte Stadtflächen in Naturräume umzuwandeln sind. Der städtische Raum soll dabei das anfallende Regenwasser vor Ort aufnehmen, zwischenspeichern oder versickern lassen. Für die Versickerung muss die Betonstruktur aufgebrochen werden. Dadurch kann das Regenwasser wieder in den Boden eindringen und neues Grundwasser bilden. Darüber hinaus ist die Integration von Gebäudebegrünungen bzw. grünen Wasserspeichern notwendig. Die Leistungsfähigkeit von Dach- und Fassadenbegrünung ist dabei zu unterscheiden. [10]

Bei der Fassadenbegrünung ist entscheidend, ob sie am Gebäude im Regenschatten liegt oder nicht. Denn Fassadenbegrünungen, die im Regenschatten liegen oder nur spärlich bewachsen sind, leisten nur einen geringen qualitativen Beitrag zur Wasserspeicherung. Werden jedoch dicht begrünte Fassadenflächen beregnet, kann von einer guten *Interzeptionswirkung* ausgegangen werden. Darunter wird das Anhaften von Regentropfen an Blättern und Zweigen verstanden. Infolgedessen verlängert sich die Zeit, welche das Wasser bis zur Kanalisation braucht. Im Gegensatz zu einer verputzten Fassade, wo das Wasser direkt abläuft und somit die Kanalisation sofort belastet. Nach Brechtel, H. [28] sind z. B. Bäume in der Lage, bis zu 30 % des Jahresniederschlages durch Interzeption zurückzuhalten. Eine ähnliche Wirkung ist bei dicht verzweigten pflanzlichen Strukturen zu erwarten, wie z. B. bei Efeu oder vielfältig bepflanzten Modulen, bei denen das Niederschlagswasser auch im Substrat zwischengespeichert wird. [10]

Maßgeblich für die Wasserspeicherung ist jedoch das Substrat- und Bodenvolumen. Damit erhält die Dachfläche den wichtigsten Anteil am ökologischen Faktor der Wasserspeicherung. Dies liegt darin begründet, dass eine Extensivbegrünung mit einer Höhe zwischen 5 und 15 cm ein *Wasserrückhaltevermögen* von 30 bis 70 % des auf das Dach fallenden Jahresniederschlags erreicht. Eine Intensivbegrünung ab 25 cm Höhe erreicht sogar 70 bis 99 %. Mit diesen Werten kann ein Gebäude den Rückhalt des Jahresniederschlages erheblich beeinflussen und die Kanalisation entlasten. [10]

Konkretere Werte für bestimmte Systeme bietet die Optigrün international AG an. Das von diesem Unternehmen angebotene Produkt „Extensivdach Naturdach" mit einer Systemhöhe ab 10 cm hält etwa 50–70 % des Niederschlages zurück. Die Intensivbegrünung „Landschaftsdach" mit einer Systemhöhe ab 26 cm kann nach Firmenangaben etwa 70–95 % des Regens zurückhalten. [11]

Darüber hinaus dämpft eine Dachbegrünung, in Abhängigkeit von der Aufbauhöhe, den *Spitzenabflussbeiwert* C_s, wodurch auch die Kanalisation entlastet wird. Die genauen Kennzahlen in Tab. 4.2 sind aus der Dachbegrünungsrichtlinie – FLL [2]:

Der C_s-Wert geht als dimensionsloser Faktor in die Berechnung des Regenabflusses ein. Je höher der Aufbau ist, desto weniger Regenabfluss ist vom Dach zu veranschlagen [2]. Bei einem 50 cm hohen Aufbau ist z. B. nur ein Zehntel des Wertes gegenüber einem bis zu 5° geneigten Metalldach anzusetzen. Nach DIN 1986-100 Tabelle 9 beträgt der Metalldach – Wert 1,0 [29].

Tab. 4.2 C_s – Werte aus der Dachbegrünungsrichtlinie – FLL [2]

Aufbaudicke	Dachneigung unter 5° (C_s)	Dachneigung über 5° (C_s)
Über 50 cm	0,1	–
25 bis 50 cm	0,2	–
15 bis 25 cm	0,3	–
10 bis 15 cm	0,4	0,5
6 bis 10 cm	0,5	0,6
4 bis 6 cm	0,6	0,7
2 bis 4 cm	0,7	0,8

Eine weitere Möglichkeit, die Kanalisation aktiv zu entlasten, ist der *Einsatz von Retentionsgründächern*. Dieses mehrschichtige System besteht aus einer extensiven oder intensiven Begrünung, wobei zwischen der Dachabdichtung und dem üblichen Gründachaufbau Kunststoffelemente eingebaut werden. Dieser Zwischenraum wird als Retentionsraum bezeichnet, der das Sickerwasser aus der Begrünung aufnimmt und zwischenspeichert. Er wirkt somit als Zwischenspeicher auf der Dachfläche. Meist ist dieses Kunststoffelement ca. 8 bis 16 cm hoch und sorgt dafür, dass sich das Niederschlagswasser zunächst sammelt und über die nächsten 48 h abfließt. Optional gibt es auch die Weiterentwicklung mit einer Steuerung, zum Beispiel über Apps, in der angegeben werden kann, wann das Dach das Wasser abgeben soll. Mit einem kombinierten Retentionsdach kann also auch bei geringen Aufbauhöhen im Vergleich zu einschichtigen Substratdächern Wasser in erheblichem Umfang gespeichert werden. [10]

Darüber hinaus besteht die Möglichkeit, die Dachentwässerung an eine Zisterne anzuschließen, die das Niederschlagswasser auffängt und zur späteren Bewässerung zur Verfügung stellt. Die Zisterne ist auch als Entlastungspunkt für die städtische Kanalisation zu sehen, da das in die Zisterne eingeleitete Niederschlagswasser bei einem Regenereignis nicht von der Kanalisation aufgenommen werden muss. [30]

4.3.3 Belastungsreduktion durch Begrünung

Ein weiteres ökologisches Problem, mit dem urbane Gebiete konfrontiert sind, ist die Verschmutzung der innerstädtischen Luft. Die Verschlechterung der Luftqualität wird durch eine Vielzahl von Stoffen verursacht. Zu den Luftschadstoffen gehören unter anderem Kohlenmonoxid (CO), Kohlenstoffdioxid (CO_2), Feinstaub (PM), Stickstoffdioxid (NO_2), flüchtige organische Verbindungen (VOCs) sowie der Sekundärschadstoff Ozon (O_3). [31]

Die Konzentration dieser Stoffe ist dabei seit Jahren rückläufig, wobei noch immer Gebiete vorhanden sind, in denen die Messwerte zu hoch liegen. Die Konsequenzen für die menschliche Gesundheit sind vielfältig und reichen von leichten bis hin zu schweren gesundheitlichen Folgeerkrankungen [32]. Von besonderer Relevanz ist hierbei die Einordnung von PM, dessen gesundheitsschädigende Wirkung durch mehrere Studien belegt ist [33, 34]. Des Weiteren stellt Kohlenstoffdioxid (CO_2) eine chemische Verbindung dar, welche der Umwelt im heutigen Ausmaß signifikanten Schaden zufügt. Aus diesem Grund werden die beiden Stoffe im vorliegenden Unterkapitel einer näheren Betrachtung unterzogen. [17]

Feinstaub wird in drei verschiedene Klassen eingeteilt: PM10, PM2,5 und ultrafeine Partikel. Der Begriff „PM10“ bezeichnet Partikel mit einem aerodynamischen Durchmesser von weniger als 10 Mikrometern (µm). Die Bezeichnung „PM2,5“ bezeichnet Partikel, welche gemäß DIN EN 14907 einen größenselektierenden Lufteinlass mit einem Durchmesser von 2,5 µm passieren. Partikel mit einem Durchmesser kleiner als 100 Nanometer werden als ultrafeine Partikel bezeichnet. [35, 36]

Die *Bildung von Feinstaub* resultiert aus natürlichen und anthropogenen Prozessen. Zu den natürlichen Prozessen, welche zur Feinstaubbildung beitragen, zählen beispielsweise

Brände, Pollen sowie Vulkanismus. Als Verursacher für Feinstaub anthropogenen Ursprungs lassen sich beispielsweise der Straßenverkehr, Müllverbrennungsanlagen, gewerbliche Heizungsanlagen, Schüttgutumschlag sowie die Strom- und Wärmeerzeugung nennen. [37]

In urbanen Gebieten sind dabei die anthropogenen Verursacher Verkehr, Industrie und private Hausbrände für den Hauptteil des Feinstaubs verantwortlich. In Bezug auf die PM10-Partikel lässt sich festhalten, dass der Verkehr mit einer Beteiligung von 25 % und die Industrie mit 18 % die Hauptverursacher sind. Ein vergleichbares Bild zeigt sich bei der PM2,5-Konzentration, bei der ebenfalls 25 % aus dem Verkehr und 20 % aus Hausbränden stammen. [38]

Die Emissionen des Verkehrs sind auf den Abrieb von Reifen und Bremsen sowie auf die Verbrennung von Kraftstoffen zurückzuführen. Außerdem führt der hohe Versiegelungsgrad dazu, dass der Feinstaub im Umfeld nicht gebunden wird, sondern leicht von den adhäsiven Oberflächen, wie Beton oder Asphalt, neu aufgewirbelt werden kann. [37]

Die *gesundheitlichen Auswirkungen* von Feinstaub sind nachweislich schwerwiegend. Sie umfassen Schäden am Herz-Kreislauf-System [39] sowie den oberen und unteren Atemwegen [40]. Des Weiteren legen Untersuchungen von Peters, R. et al. [41] dar, dass auch das neuronale Netz in Mitleidenschaft gezogen wird, wodurch sich die Wahrscheinlichkeit einer Demenzerkrankung erhöht.

Der zweite Schadstoff für Mensch und Umwelt, *Kohlenstoffdioxid (CO_2)*, besteht aus einer chemischen Verbindung zwischen Kohlenstoff und Sauerstoff und ist ein wesentlicher Bestandteil der Luft [42]. Der aktuelle CO_2-Gehalt in der Atmosphäre beträgt etwa 0,039 %, was 390 ppm entspricht. Vor Tausenden von Jahren und insbesondere vor der Industrialisierung lag der CO_2-Gehalt in der Atmosphäre bei etwa 280 ppm. Der Unterschied lässt sich in etwa mit der Menge von 220 Mrd. t Kohlenstoff gleichsetzen. [43]

Die *Entstehung von Kohlenstoffdioxid* ist auf die Verbrennung kohlenstoffhaltiger Materialien, wie fossilen Brennstoffen, sowie auf die Zellatmung von lebenden Organismen zurückzuführen. Die Folgen der CO_2-Emissionen in der Atmosphäre sind Erderwärmung sowie bei hohen Konzentrationen gesundheitliche Probleme. Zu hohe CO_2-Luftwerte führen beim Menschen z. B. zu Konzentrationsschwierigkeiten und gesundheitlichen Problemen der Atemwege. [42]

Primär sollten Städte Maßnahmen ergreifen, um die Ursachen für die beiden Schadstoffe an ihrem Ursprung zu bekämpfen. Diesbezüglich ist insbesondere die innerstädtische Verbrennung fossiler Energieträger von Relevanz [37]. Die Umsetzung dieser Maßnahmen erweist sich jedoch als schwierig, da der innerstädtische Verkehr ein integraler Bestandteil jeder Großstadt ist. Diesbezüglich ist festzuhalten, dass sich die Städte der Folgen von Schadstoffen bewusst sind und deren Ursprung kennen. Allerdings ist es bislang lediglich einigen wenigen Städten, wie beispielsweise Gent in Belgien, gelungen, ein Konzept einer autofreien Innenstadt erfolgreich umzusetzen. [44]

Daher sind weitere Lösungsansätze erforderlich. Eine weitere Möglichkeit stellt die innerstädtische Begrünung durch Dach- und Fassadenbegrünung dar. Pflanzen sind nämlich in der Lage, *Feinstaub zu binden und Kohlenstoffdioxid zu verarbeiten*. [10]

Abb. 4.5 Efeublatt mit Feinstaub und die mikroskopische Vergrößerung Plan 2,5/0,08 [9]

In Bezug auf die Bindung von Feinstaub hat die Fassadenbegrünung einen entscheidenden Vorteil gegenüber der Dachbegrünung. Dies ist darauf zurückzuführen, dass die Fassadenbegrünung näher am Verkehr ist und dadurch in höherem Maße mit dessen Emissionen in Kontakt kommt. Die Fähigkeit von Begrünungen, Feinstaub aufzunehmen, lässt sich anhand von Abb. 4.5 veranschaulichen. Bei einer Vergrößerung des Bildausschnitts bis zur mikroskopischen Ebene lassen sich die feinen Staubablagerungen auf dem Efeublatt als schwarze Pünktchen identifizieren. [9]

Gemäß Kuttler, W. [45] lässt sich festhalten, dass mit einer umso *größeren Blattfläche eine Zunahme der Ab- und Adsorption von Feinstaub* über die Blätter einhergeht. Die exakten Aufnahmewerte einer Fassadenbegrünung lassen sich nicht allgemeingültig bestimmen, da sie von einer Vielzahl von Faktoren abhängig sind. Dabei spielen die aktuelle Feinstaubbelastung in der Luft, die Durchlüftung des Grüns sowie die Dicke der Pflanzenstruktur eine entscheidende Rolle. [45]

Gemäß *beispielhaften quantitativen Messungen* von Bartfelder, F. und Köhler, M. [46] nimmt der Selbstklimmer „Hedera helix", auch als „Gemeiner Efeu" bekannt, etwa 6 g Feinstaub pro m^2 Fassadenoberfläche pro Vegetationsperiode auf. Demgegenüber weist der „Parthenocissus tricuspidata" eine Aufnahme von etwa 4 g/m^2 pro Vegetationsperiode auf. Des Weiteren wurde in den vorliegenden Messungen festgestellt, dass 71 % des von den Pflanzen aufgenommenen Feinstaubs zu den lungengängigen Schadstoffen zählt. Es findet durch die Bepflanzung eine aktive Reinigung der Luft statt. [47]

Zudem besteht durch die Verwendung von Wandmodulen die Möglichkeit einer *Feinstaubablagerung* auch im technischen Substrat. Denn im Substrat besteht die Möglichkeit der Anheftung von Feinstaub, insbesondere bei Bewässerungen oder anderen mechanischen Einwirkungen, wodurch oberflächlich gebundener Feinstaub ins Substrat einsickert und sich dort ablagert. [37]

Auch Begrünungen auf Dächern nehmen Feinstaub auf. Allerdings führt die Höhendifferenz zwischen Straße und Dach zu einer Reduktion des Feinstaubgehalts auf Dachhöhe. Gemäß Köhler, M. et al. [10] lässt sich festhalten, dass ein Gründach mit einer Fläche von einem Quadratmeter etwa die Schadstoffe eines PKWs absorbieren kann. In diesem Zusammenhang ist von entscheidender Bedeutung, ob lediglich eine extensive Begrünung mit geringer Pflanzenhöhe gegeben ist oder eine intensive Begrünung mit einem hohen und dichten Pflanzenbewuchs vorliegt. Folglich kann eine höhere Anzahl an Pflanzenoberflächen, welche durch Wind mit Feinstaub durchquert werden, zu einer verstärkten *Ablagerung von Feinstaub* führen. Zudem kann ein Eindringen des Feinstaubs in das Substrat durch Regenfälle beobachtet werden, wo es anschließend dort gebunden wird. [48]

Auch gegen den zweiten Schadstoff, Kohlenstoffdioxid, eignen sich Bepflanzungen auf dem Dach und der Fassade in den Städten, da Pflanzen zum Wachstum Photosynthese betreiben. Im Rahmen dieses Prozesses erfolgt eine *Filtration von CO_2* aus der Luft durch die Pflanzen sowie eine Spaltung desselben mithilfe von Sonnenlicht, Wasser und Nährstoffen. Das Ergebnis ist die Freisetzung von Kohlenstoff und Sauerstoff. Der Sauerstoff wird über die Pflanzenstrukturen freigegeben, während der Kohlenstoff in den Pflanzenzellen gespeichert wird und dort für den Aufbau von Pflanzengewebe verwendet wird. Pflanzen fungieren somit als aktive Senker für Kohlenstoffdioxid. [9]

Pfoser, N. [9] gibt an, dass eine extensive Begrünung in drei Jahren pro Quadratmeter in etwa 300 g CO_2 pro Jahr aufnimmt. Eine Intensivbegrünung ist aufgrund ihrer Stoffwechselaktivität sowie ihres längeren Wachstums bis zur Forstperiode in der Lage, 2,2 kg/m^2 im Jahr zu verwenden.

Im Rahmen einer Untersuchung von Fassadenbegrünungen wurde bei einer 1000 m^2 großen und 20 cm dicken Hedera helix festgestellt, dass sie in etwa 2,3 kg CO_2 pro m^2 und Jahr verarbeitet. Im Rahmen dieses Prozesses wird eine Sauerstoffproduktion von etwa 1,7 kg pro Jahr generiert. Der Wert kann sich zudem erhöhen, wenn dichtere Pflanzen wie Moose oder Substrate verwendet werden. [9, 48]

Es sei zunächst festgehalten, dass die dargestellten *Werte lediglich als Richtwerte* zu betrachten sind. Denn die Aufnahme von Kohlenstoffdioxid und Feinstaub basiert auf einer Vielzahl unterschiedlicher äußerer Rahmenbedingungen. Dies wird auch in der Literaturrecherche ersichtlich, bei der eine große Bandbreite an Zahlenwerten ermittelt wurde. Dies ist darauf zurückzuführen, da sich jede Pflanze an einem anderen Standort, basierend auf unterschiedlichen Einflüssen, unterschiedlich verhält. Dennoch lassen sich Tendenzen ableiten, die aufzeigen, welchen Nutzen eine Begrünung im Vergleich zu anderen Oberflächen hat.

4.3.4 Mikroklimatischen Aspekte

Die Begrünung erfüllt die Funktion, Naturräume in der Stadt für Tiere und Insekten zu schaffen, wobei dies insbesondere in den Innenstädten von Belang ist. Bei der bisherigen Städteplanung wurden diese überwiegend naturfremd gestaltet, sodass unzureichende bis gar keine Lebensbedingungen für Tiere und Insekten vorgesehen waren. Diese Situation resultiert aus dem hohen Versiegelungsgrad, den geringen Grünflächen und dem damit verbundenen Bedarf an Naturflächen in urbanen Räumen. [5]

Die *Biodiversität* nimmt in der heutigen Gesellschaft eine immer wichtigere Rolle ein, weshalb nach Konzepten zu suchen ist, welche eine Rückkehr von Natur und Tier in das Gebiet der Stadt ermöglichen soll. Bereits seit dem Jahr 2015 werden „lebendige" Gebäude bspw. im „Grünbuch Stadtgrün", das vom Bundesministerium für Umwelt, Naturschutz, Bau und Reaktorsicherheit (BMUB) herausgegeben wird, in einem eigenen Kapitel behandelt [49]. Denn eine hohe Artenvielfalt führt zu einer Stabilität der Ökosysteme, was auch für den Menschen von Bedeutung ist. In diesem Kontext ist festzuhalten, dass eine Destabilisierung der Vogel- oder Insektenwelt eine Destabilisierung der daran geknüpften Prozesse zur Folge hat, was wiederum zu weiteren Problemen für den Menschen führt. Die Thematik der Artenvielfalt wird seit den 1960er-Jahren in Büchern wie „Der stumme Frühling" von Carsen, R. [50] thematisiert. Dies verweist darauf, dass sich der Mensch der Auswirkungen des Artensterbens bewusst ist. Dennoch ist bis heute ein kontinuierlicher Rückgang der globalen Artenvielfalt zu verzeichnen, wobei täglich zwischen 130 bis 150 Arten aussterben [51]. Die Biodiversität kann gemäß Köhler, M. et al. [10] als Indikator für die Überlebenswahrscheinlichkeit der Menschheit betrachtet werden. [10]

Aus den dargelegten Gründen ist es daher erforderlich, durch Gebäudebegrünungen für eine Biodiversität zu sorgen, um die *Stabilität im Ökosystem zumindest teilweise wiederherzustellen* und das urbane Gebiet für Tiere bewohnbar zu machen. Denn durch die Begrünung (*Flora*) wird ein Lebensraum für die Tiere (*Fauna*) geschaffen, der ihnen als Habitat dient, wodurch die Gebäudebegrünung zu einem Ersatzlebensraum wird. [5]

Des Weiteren fördert die Artenvielfalt auch die positiven Auswirkungen der Gebäudebegrünung auf die Umwelt, wie beispielsweise die Rückhaltung von Regenwasser, Kühlungseffekt, Schadstofffilterung und Abflussverzögerung, wie Lösken et al. [2] erläutern. Von entscheidender Bedeutung für die faunistischen Lebensbedingungen auf den unterschiedlichen Gebäudeflächen ist die Ausführung der Vegetationsschichten, welche den Tieren einen Lebensraum bietet. [2]

Für einen hohen floristischen und faunistischen Wert auf Dächern und an Fassaden ist eine *hohe Strukturvielfalt von entscheidender Bedeutung* [2, 5]. Eine Erhöhung der Substratauflage, beispielsweise durch eine intensive Begrünung, ermöglicht die Schaffung eines artenreichen Dachbewuchses. Folglich sind mit einer hohen Substratauflage auf den Dächern umfangreichere Gestaltungsmöglichkeiten bei der Pflanzenauswahl gegeben, was wiederum die Auswahl an Futterpflanzen für die Fauna beeinflusst [10]. Die Wahrscheinlichkeit, dass sich Tiere und Insekten, wie beispielsweise Raupen, ansiedeln, ist umso höher, je größer die Auswahl an Pflanzen und Futterpflanzen ist. Dies führt u. a. zu einer Besiedlung durch weitere Lebewesen, beispielsweise Spinnen, welche sich von Insekten der ersten Nahrungsordnung ernähren. Der Nahrungskreislauf dehnt sich dabei aus und es kommt zur Ansiedlung weiterer Tierarten, beispielsweise Vögel, die sich von Tieren der zweiten Nahrungsordnung ernähren. [2, 12]

Im Rahmen der Ausführung ist zudem auf *wechselnde Höhenlagen* zu achten, um eine Diversität an Lebensräumen zu schaffen, die den natürlichen Verhältnissen auf dem Dach ähnelt. Dies beinhaltet auch die Berücksichtigung vegetationsfreier Areale, beispielsweise in Form von Schotterflächen. Denn die Diversität ist ein entscheidender Faktor, da Insekten bei monotonen und gleichbleibenden Strukturen und Pflanzen keine Möglichkeit zur Ansiedlung haben und somit keine *Biotopvernetzung* stattfindet. Monotone Strukturen mit einer hohen Artenvielfalt sind in der Natur ebenfalls selten anzutreffen. Des Weiteren sind Rückzugsorte zu schaffen, die sich aus Gehölzen, Totholz und Substrathügeln zusammensetzen. Dadurch wird es Bodentieren ermöglicht, sich zurückzuziehen. Zudem besteht die Möglichkeit, windsichere Nisthilfen zu errichten, die sowohl von Vögeln als auch von Insekten genutzt werden. Außerdem lassen sich auch Wasserelemente wie beispielsweise kleine Wasserteiche mit entsprechender Flora integrieren, um eine Vielzahl von Lebensgrundlagen für die Lebewesen auf dem Dach zu schaffen. Abgesehen von den genannten Variationen besteht auch die Möglichkeit, die Umgebung des Gebäudes zu prüfen und von Insekten belebte Elemente auf dem Dach zu integrieren. Von essenzieller Bedeutung für die Funktionsfähigkeit einer Gebäudebegrünung ist auch eine regelmäßige Kontrolle der genannten Faktoren, um die gewünschten faunistischen Zustände zu gewährleisten und zu erhalten. Daher empfiehlt die Dachbegrünungsrichtlinie FLL bereits in der Pflegevereinbarung essenzielle Hinweise zum Erhalt der geschaffenen Räume aufzuzeichnen. [2]

Beispielhafte Zählungen für die Dachbegrünung haben ergeben, dass auf einem bekiesten Dach etwa 0,6 Individuen pro m^2 leben. Die Anzahl der Individuen pro Quadratmeter belief sich bei extensiver Dachbegrünung auf 10,6 und bei intensiver Begrünung auf 13. Diese Erkenntnis unterstreicht die Darstellung, dass mit einem höheren Grünflächenanteil auch eine höhere Faunendichte einhergeht. [5]

Auch bei der Fassadenbegrünung sind die gleichen Grundanforderungen zu erfüllen, um eine hohe Artenvielfalt an der vertikalen Oberfläche zu gewährleisten. Es ist anzustreben, dass auf der Fassade mehrere verschiedene Pflanzenarten vorhanden sind, damit unterschiedlichen Arten eine *Nahrungsgrundlage* geboten wird. Dies kann beispielsweise durch eine wandgebundene Begrünung mit Modulen realisiert werden, in der verschiedene Pflanzenarten angelegt werden. Denn in einer wandgebundenen Fassadenbegrünung besteht die Möglichkeit, hunderte von Stauden- oder Gräserarten zu integrieren, welche als Nahrungs- und Wohngrundlage für Insekten dienen. [10]

Ein exemplarisches Beispiel hierfür ist in Abb. 4.6 [52] dargestellt.

Zudem ist die Anlegung von unterschiedlichen Kletterpflanzen, wie beispielsweise Efeu, empfehlenswert, da diese den Tieren diverse Nutzungsmöglichkeiten bieten. Dazu zählen unter anderem Paarungsraum, Aussichtsplatz, Verpuppungsort, Witterungsschutz, Sonnen- bzw. Schattenplätze, Fangplatz, Nistplatz und Fressplatz. Eine monotone Efeu-Begrünung führt jedoch zu einer Verringerung des faunistischen Wertes, da sich lediglich Tiere dort ansiedeln, die durch diese eine Pflanzenart einen Vorteil haben. Daher ist eine Efeubegrünung als Maßnahme zwar geeignet, jedoch in Kombination mit weiteren Pflanzen noch vorteilhafter. [9]

Abb. 4.6 Musée du Quai Branly – Jacques Chirac in Paris [52]

Darüber hinaus besteht die Möglichkeit, Nistkästen in Zwischenräumen an der Fassade anzubringen, um den Tieren einen zusätzlichen Rückzugs- und Nistort zu bieten und die Ansiedlungswahrscheinlichkeit zu erhöhen. Die Integration zusätzlicher Elemente, wie beispielsweise Totholz, ist ebenfalls förderlich. Eine Planungsgrundlage bietet zudem das Buch „Animal – Aided Design" von Hauck, T. und Weisser, W. [53]. Darin werden die einzelnen Tierarten detailliert erörtert und die Voraussetzungen für deren Ansiedlung dargelegt. Dabei darf die *Wartung und Instandhaltung* der Fassadenbegrünung nicht außer Acht gelassen werden, um den Erhalt der Tier- und Insektenarten zu gewährleisten. [10]

Die Wahrscheinlichkeit für einen qualitativ hohen floristischen und faunistischen Wert für das Gebäude und die Umgebung ist demnach umso höher, je vielfältiger und unterschiedlicher die Begrünung an Dach oder Fassade ist. [10]

4.3.5 Schallschutzauswirkung

Der Mensch ist in sämtlichen Lebenssituationen und Tageszeiten einer Vielzahl von Schallereignissen ausgesetzt. Allerdings variiert die Frequenz sowie die Intensität der Einwirkung auf das menschliche Gehör und den gesamten Körper. Insbesondere in verdichteten urbanen Gebieten, wie der Innenstadt, ist jeder ständig einem gewissen Maß an Lärm ausgesetzt. [54]

Gemäß § 47b des Bundes-Immissionsschutzgesetzes (BImSchG) [55] wird „*Umgebungslärm*" als „*belästigende oder gesundheitsschädliche Geräusche im Freien, die durch Aktivitäten von Menschen verursacht werden, einschließlich des Lärms, der von Verkehrsmitteln, Straßenverkehr, Eisenbahnverkehr, Flugverkehr sowie Geländen für industrielle Tätigkeiten ausgeht*" definiert.

Zudem wurde nachgewiesen, dass Lärm ab bestimmten Lautstärken *negative Einflüsse* auf den menschlichen Körper ausübt. Lärm mit einer Intensität zwischen 30 und 65 Dezibel, bewertet mit dem Frequenzfilter A (dB(A)), löst eine psychische Reaktion aus. Im Bereich von 65 bis 90 dB(A) werden psychologische Reaktionen beobachtet, während bei einer Einwirkung von 90 bis 120 dB(A) Gehörschäden und Schmerzen auftreten. Als Beispielwerte für Lärm kann Bürolärm mit 60 dB (A), Straßenlärm bei starkem Verkehr mit 80 dB (A) sowie ein Flugzeugtriebwerk mit 120 dB (A) genannt werden. [54]

Die Ausbreitung des Lärms erfolgt von den Schallquellen aus radial, wobei eine Vermischung mit weiteren, undefinierbaren Schallquellen stattfindet. Dies resultiert in einem *Luftschall*, der die Umgebung belastet. Infolgedessen reagieren Gebäudeoberflächen wie eine Membran. Dies resultiert in einer Aufnahme des Luftschalls durch die Wände, gefolgt von einer Umwandlung in Körperschall im Element. Dieser Vorgang führt dazu, dass das Bauteil vom Schall durchdrungen wird und im Gebäudeinneren erneut als Luftschall auftritt. Im Rahmen des Prozesses findet jedoch eine teilweise *Absorption und Reflexion des Materials* statt, wodurch der Schall an Energie verliert. Die verbleibende Lärmbelastung führt jedoch zu einer Immissionsbelastung im Innenraum, wodurch es ab bestimmten Lärmstufen beispielsweise zu Konzentrations- oder Schlafstörungen führen kann. Daher sind Lösungsansätze zur Reduktion des Lärms erforderlich. Im Folgenden werden Wirkungsmechanismen vorgestellt, welche die Schallauswirkungen lindern. Eine Verringerung der Schallausbreitung erfolgt durch eine größere Entfernung zwischen Sender und Empfänger, eine Streuung an einer reflektierenden Oberfläche sowie eine Dämpfung durch Absorption. Die Gebäudebegrünung, sei es in Form von Dach- oder Fassadenbegrünung, verfügt über die konstruktiven Elemente, um Lärm durch Reflektion und Absorption zu mindern. [12, 56]

Die *Minderungsfaktoren* sind bei der Begrünung die Menge, Größe, Dicke der Blattmasse sowie das Volumen und Gewicht des Substrats. [12]

Im Falle einer *Dachbegrünung* erfolgt die Schallminderung durch den Anteil an *Substrat und der Pflanze*. Die entscheidende Größe ist hierbei die Substrathöhe, da mit zunehmender Höhe die zu überwindende Masse der auftreffenden Schallschwingung ansteigt, bevor sie ins Gebäude gelangt. Des Weiteren begünstigt die lose Schüttung, bedingt durch ihre amorphe Zusammensetzung sowie ihren Feuchtegehalt, die Schwingungsübertragung kaum. Darüber hinaus weist das Substrat aufgrund seines porösen Aufbaus eine schallschluckende Wirkung auf, sodass es als Schallschluckmaterial eingestuft werden kann. Dabei nimmt die Filterung von Schall durch Umwandlung in mechanische Energie mit steigender Blattdicke, Blattdichte und Blattfläche zu. Die Blattstellung ist ebenfalls von entscheidender Bedeutung, da durch einen vollflächigen Aufprall des Schalls eine bessere Reflektion und Absorption gewährleistet wird. [5]

Mann, G. [57] hat in Auswertungen dargelegt, dass eine Dachbegrünung in Abhängigkeit von der Aufbauhöhe und der Dachneigung einen *Schallabsorptionswert* zwischen 5 und 46 dB aufweist, wodurch der ankommende Schall zum Innenraum hin absorbiert wird. Weber, M. [58] gibt an, dass ein trockenes Substrat 8 dB und ein feuchtes Substrat 18 dB auffangen kann. Darüber hinaus führt die Begrünung eines Flachdachs bei einer Frequenz von 1000 Hz zu einer Reduktion des von einer Quelle bis zur Nachbarstraße einwirkenden Lärms von maximal 6 dB. [59]

Bei *Fassadenbegrünungen* ist der Effekt der *Schallminderung* auch in die zwei Anteile *Substrat und Pflanze* aufzuteilen. Grundsätzlich kann eine Relation zwischen der wandgebundenen Fassadenbegrünung mit modularer Bauweise und der Dachbegrünung hergestellt werden, da in beiden Fällen ein Substrat vorhanden ist. Diesbezüglich ist festzuhalten, dass der Schall auf dieselbe Art und Weise absorbiert wird, wie dies bei der zuvor dargestellten Dachbegrünung der Fall ist. Im Falle bodengebundener Fassadenbegrünungen ist kein zusätzliches Substrat auf der Fassade vorhanden, wodurch eine entsprechend geringere Schallabsorption zu verzeichnen ist. In diesem Fall erfolgt die Schallabsorption ausschließlich durch die Pflanzenstruktur. Hinzukommend ist zu berücksichtigen, dass die Pflanze bei der bodengebundenen Variante einen gewissen Zeitraum benötigt, um eine flächendeckende Ausbreitung und Dichte zu erreichen. Die flächendeckende Wirkung der wandgebundenen Begrünung mit modularen Elementen ist bereits von Anfang an gegeben, sodass sie einen direkteren Effekt auf die Umgebung als eine bodengebundene Begrünung ausüben kann. Eine beispielhafte Auswertung von Feldmann, J. et al. [60] zeigt, dass die bodengebundene Begrünung, bestehend aus dem Selbstklimmer „Wilder Wein", den Schall von einem Außenraum bis zum Innenraum um 1,7 dB mindert, während die wandgebundene Begrünung eine Minderung von 2,7 dB erreicht. In der vorliegenden Untersuchung wurde der Frequenzbereich von 500 bis 1000 Hz betrachtet. Eine weitere Untersuchung von Buchta, E. et al. [61] zeigt, dass „Wilder Wein" eine Minderung von ebenfalls 4 dB bewirken kann. Gemäß Pfoser, N. [12] kann durch eine wandgebundene Begrünung sogar eine Minderung um 5 dB erzielt werden. [5]

Die Zahlenwerte lassen erkennen, dass die genaue Wirkung der Fassadenbegrünung schwer durch die Verschiedenheit der Ergebnisse miteinander vergleichbar ist. Diesbezüglich ist zu berücksichtigen, dass jede Fassade sowie jede realisierte Fassadenbegrünung in ihrer Gestaltung differiert. Die These, dass mit steigender Substrathöhe, Pflanzendichte und Volumen die Schallminderung zunimmt, kann durch die vorliegenden Werte bestätigt werden.

4.3.6 Auswirkungen durch differente Begrünungskonzepte auf den Menschen

Ein weiterer Aspekt, der im Kontext der Gebäudebegrünung zu berücksichtigen ist, sind die Auswirkungen auf die *menschliche Gesundheit und Psyche*. Denn gegenwärtig sind urbane Gebiete in erster Linie von trockenen Materialien wie Beton und Asphalt geprägt. Zur Veranschaulichung kann erneut auf die Abb. 4.4 von Ludwigshafen am Rhein zurückgegriffen werden, welche dies verdeutlicht. Die Auswertung des GDV, der einen Anteil von 44,23 % der Siedlungsfläche mit versiegelten Oberflächen ermittelt hat, bestätigt den hohen Anteil dieser Werkstoffe. [27]

Die Auswirkungen dieser Strukturen werden dabei bereits seit mehreren Jahrzehnten erforscht, da davon ausgegangen wird, dass sie sich negativ auf die Psyche und die Gesundheit des Menschen auswirken. Es handelt sich hierbei um einen Effekt, dessen Nachweis sich als schwierig gestaltet, da er im *Unterbewusstsein des Menschen* geschieht [62]. Die negative Wirkung wird beispielsweise durch eine Untersuchung von Ulrich, R. et al. [63] in einem Krankenhausexperiment bestätigt. Im Rahmen der Studie wurden zwei

Gruppen hinsichtlich des Bedarfs an Schmerzmitteln nach einer Operation analysiert. Bei der Zusammenstellung der Versuchsgruppen wurde darauf geachtet, dass die Probanden hinsichtlich psychischer Stabilität, Vorerkrankungen und Alter eine ähnliche Ausgangslage aufweisen. Die räumliche Gestaltung der Zimmer ist identisch, jedoch blickt Gruppe 1 auf eine Mauerwand und Gruppe 2 auf Bäume. Die Auswertung der Daten ergab, dass die Personen in Gruppe 2 mit Bäumen im Durchschnitt weniger Schmerzmittel benötigten als die Personen in Gruppe 1. Dies bestätigt die These von Ulrich, R. et al. [63], dass Grünflächen eine positive Auswirkung auf den Menschen haben. Außerdem existieren weitere Untersuchungen, welche die positiven Auswirkungen auch bestätigen. Im Rahmen der vorliegenden Ausarbeitung erfolgt aber keine detaillierte Beschreibung weiterer Experimente, da diese einen zu hohen Umfang aufweisen würden.

Zudem werden massive Wohnblocks aus Beton vom Psychoanalytiker und Arzt Mitscherlich, A. [64] als „*Kapitulation, Profillosigkeit und soziale Slums*" tituliert, wodurch das Bedürfnis nach Heimat in den Städten zunehmend verloren geht. Die sterile Landschaft aus Beton sowie der Mangel an Stimulation lösen laut Mitscherlich, A. [64] negative Gefühle im Menschen aus, was zu einer Niedergeschlagenheit oder sogar einer depressiven Verstimmung führen kann [65]. Des Weiteren entstehen durch die städtische Hitze, welche in Abschn. 4.3.1 erörtert wird, psychische Probleme. Diese verleiten zu Aggressionen, Angstzuständen oder anderen psychischen Gesundheitsproblemen. [66]

Daher ist es für die menschliche Psyche, Gesundheit und Lebensqualität unerlässlich, mehr Grün in das urbane Stadtgebiet und an Gebäudefassaden zu integrieren. Denn der Mensch verfügt über eine *angeborene Affinität* zur Natur, welches sein Unterbewusstes und sein Immunsystem stärkt. Die Verbundenheit zur Natur wird als *Biophilia-Effekt* bezeichnet. [67]

Allerdings wurde der konkrete Effekt der *Wohlfahrtswirkung* von einzelnen Begrünungsformen bisher kaum wissenschaftlich untersucht [68]. Bislang konnte wissenschaftlich lediglich eine positive Wirkung bestätigt werden. [69]

Die Ergebnisse der Literaturrecherche legen jedoch nahe, dass eine intensive *Dachbegrünung* eine bessere Auswirkung auf die menschliche Psyche hat als eine extensive Dachbegrünung. So kann ein Dach, das als begehbare Intensivbegrünung angelegt wurde, von den Bewohnern als Treffpunkt genutzt werden. Des Weiteren ermöglicht die höhere Aufbauhöhe die Pflanzung von z. B. Bäumen. Dies begünstigt die Wohlfühlwirkung sowie die Verbundenheit der Bewohner untereinander. Im Vergleich dazu ist ein Extensivdach lediglich für Kontroll- und Pflegegänge ausgelegt, sodass die Bewohner dieses nicht betreten und hier keine Kontakte knüpfen können. [70]

Im Falle der *Fassadenbegrünung* kann zwischen partieller Efeubegrünung und diversen wandgebundenen Begrünungen hinsichtlich ihrer Wirkung differenziert werden. Eine leichte Efeubegrünung erzeugt einen positiven Effekt durch ihre raumbildenden, natürlichen Gestaltungselemente. Dadurch verbessert sich das Wohn- und Arbeitsumfeld, da naturhafte Elemente hinzugefügt werden, im Gegensatz zu unbelebten Flächen. [8]

Der Effekt ist dabei mit dem Anblick einer wandgebundenen Begrünung, wie in Abb. 4.6 dargestellt, mit einer Vielzahl unterschiedlicher, farbenfroher Bepflanzungen nicht zu vergleichen. Denn eine wandgebundene Begrünung wirkt sich bemerkbar auf vorbeigehende

Menschen aus, wie eine Verhaltensauswertung von Pfoser, N. [12] zeigt. Im Rahmen der Untersuchung wurde die Fassadenbegrünung von Patrick Blanc an der Nordfassade des Musée du Quai Branly in Paris im August 2011 analysiert. Im Rahmen der Erhebung wurden am Sonntag zwischen 15:00 und 16:30 Uhr insgesamt 1156 Personen erfasst, die das Gebäude passierten. Von den untersuchten Personen reagierten 883 direkt auf die Fassade, während 273 keine Reaktion zeigten. Die Reaktionen reichten von genauerem Hinschauen bis zu Gruppenfotos oder dem Anfassen der Pflanzen. Es lässt sich daher ableiten, dass sich die überwiegende Zahl von etwa 76,3 % der Befragten aufgrund des Anblicks mit der Fassade beschäftigte. Dies verdeutlicht, dass Pflanzen an Fassaden im urbanen Raum eine besondere Faszination ausüben und eine hohe Anziehungskraft besitzen. [12]

Im Rahmen einer weiterführenden wissenschaftlichen Untersuchung wäre zu erforschen, welche konkreten psychologischen Effekte mit dem Anblick einer solchen Fassadenbegrünung einhergehen. Es ist anzunehmen, dass eine imposante Begrünung eine Abwechslung im Alltag bietet und somit positive Gefühle erzeugt.

4.4 Erstellung des Entscheidungsbaums

Im folgenden Kapitel wird ein Entscheidungsbaum nach ökologischen Gesichtspunkten erstellt, der die Beratung eines Bauherrn zur Erreichung seiner ökologischen Ziele mit Begrünungen in der Planungsphase abdeckt. Dabei werden die drei vorgestellten Gebäudebegrünungsklassen aus Abschn. 4.1 auf ihr ökologisches Potenzial hin untersucht und mit Hilfe der Erkenntnisse aus Abschn. 4.3 qualitativ miteinander verglichen. In Abschn. 4.2.1 sind die bautechnischen Charakteristika für Dach- und Fassadenbegrünungen definiert, welche für die Umsetzung der allgemeinen Begrünungsformen der einzelnen Gebäudebegrünungskategorien zu prüfen sind.

Es ist darauf hinzuweisen, dass in Abschn. 4.3 festgestellt werden musste, dass die Wirkung der einzelnen Begrünungsarten an jedem Gebäude zu unterschiedlichen Effekten führt. Da es keine allgemeingültigen Werte gibt, welche Art der Dach- oder Fassadenbegrünung im Allgemeinen welchen ökologischen Gewinn bringt, und es lediglich beispielhafte Untersuchungswerte gibt. Dieser Gewinn variiert je nach Pflanzenauswahl, Wuchsform, Boden- und Lichtverhältnissen usw. [71]. Beispielsweise schwanken die Lärmminderungseffekte nach Radic, M. et al. [72] je nach System zwischen 2 und 40 Dezibel.

Am Ende des Kapitels werden die Zusammenhänge in einem Entscheidungsbaum zusammengefasst, um ihn für die Bauherrenberatung anschaulich zu machen.

Bei der Betrachtung des Abschn. 4.3.1 fällt auf, dass die Gebäudeklasse 1 mit der intensiven Dachbegrünung und der wandgebundenen Begrünung in Modulbauweise die qualitativ höchste *temperaturreduzierende Wirkung* hat. Dies ist auf die hohe Substratschicht und die dichte Begrünung zurückzuführen. Die zweite Klasse mit der extensiven Dachbegrünung und der vollflächigen Efeubegrünung hat im Vergleich eine mäßige temperaturreduzierende Wirkung. Klasse drei bietet durch die geringe Substratschüttung mit der partiellen Efeubegrünung einen geringen Wärmeschutz bzw. eine geringe Temperaturminderung.

Im Bewertungsaspekt der *Bildung von Wasserretentionsflächen*, Abschn. 4.3.2, weist die erste Gebäudeklasse mit dem 25 cm hohen Substrat und dem Substrat an der Fassade die höchsten wasserwirtschaftlichen Leistungen auf. Die zweite Gebäudeklasse hat mit dem 15 cm hohen Substrat und der vollflächigen Efeubegrünung ebenfalls eine gute Wasseraufnahme, aber im Vergleich zur ersten Gebäudeklasse ist der qualitative Wert mäßig. Die dritte Gebäudeklasse weist aufgrund der geringen Substrathöhe und der geringen Fassadenbegrünung eine geringe Regenwasseraufnahme und -rückhaltung auf.

Auch bei der *Feinstaub- und CO_2-Reduktion* erbringt die erste Gebäudeklasse nach den Erkenntnissen aus Abschn. 4.3.3 den qualitativ höchsten Nutzen. Dies ist auf die hohe Pflanzendichte, Blattmasse und -oberfläche sowie das Substrat auf dem Dach und an der Fassade zurückzuführen. Die zweite Gebäudebegrünung erreicht aufgrund der geringeren Pflanzendichte, Blattmasse und -oberfläche einen moderaten Effekt. Die dritte Gebäudebegrünung hat im Vergleich dazu die geringste Filterleistung, da sie nur eine partielle Fassadenbegrünung und eine Substratschüttung von 5 cm aufweist. Dadurch kann hier am wenigsten Feinstaub über die Blätter eingefangen und CO_2 gebunden werden.

Der gleiche Effekt zeigt sich auch bei den *mikroklimatischen Aspekten* in Abschn. 4.3.4. Denn je mehr Substrat, desto größer die Pflanzenauswahl. Damit steigt auch die Wahrscheinlichkeit, dass Tiere und Insekten einen Lebensraum finden. Bei der zweiten Kategorie ist durch die geringere Substratschicht des Daches eine geringere Pflanzenauswahl möglich und zudem gibt die Monokultur an der Fassade vergleichsweise nur einem geringen Anteil an Lebewesen einen Lebensraum. Die dritte Kategorie bewirkt aufgrund der geringen Substrathöhe und Pflanzenauswahl auf dem Dach sowie der partiellen Efeubegrünung nur einen geringen positiven Effekt für Flora und Fauna.

In Abschn. 4.3.5 wurde auf die *Schallschutzwirkung* eingegangen. Es hat sich gezeigt, dass durch eine höhere Substratschicht mehr Schall gedämmt wird. Zudem wird die Schallabsorption durch eine hohe Pflanzendichte gefördert. Aus diesem Grund hat die Gebäudebegrünungsklasse 1 die höchste Schallschutzwirkung. Die Gebäudebegrünung der Klasse 2 wirkt durch die Efeubegrünung ebenfalls schalldämmend, wobei durch das fehlende Substrat an der Fassade und den geringeren Substrataufbau auf dem Dach mehr Schall in das Gebäude eindringen kann. Gebäudebegrünung 3 weist dabei den geringsten Schallschutz auf, da die Fassade nur sporadisch begrünt ist und die Substrathöhe auf dem Dach ebenfalls gering ist, wodurch relativ viel Schall in das Gebäude eindringen kann. Die in Abschn. 4.3.6 beschriebene *psychologische Wirkung* einer Begrünung ist schwer zu erfassen, da sie im Unterbewusstsein des Menschen wirkt. Es wurde jedoch festgestellt, je höher die visuelle Attraktivität ist, desto positiver ist die Wirkung auf das Wohlbefinden. Aus diesem Grund ist die Klasse 1 mit der größten möglichen Pflanzenvielfalt an der Fassade und auf dem Dach diejenige, die das Wohlbefinden am meisten fördert. Die zweite Begrünungsvariante erzeugt durch die vollflächige monokulturelle Efeubegrünung einen mäßigen Effekt, jedoch ist das Dach nicht als begehbare Fläche ausgelegt. Daher ist der Mehrwert geringer als bei der ersten Kategorie. Die dritte Kategorie schafft die geringste optische Wirkung durch die partielle Efeubegrünung und das Dach ist ebenfalls nicht für die Bewohner begehbar, wodurch hier der geringste Mehrwert für das Wohlbefinden geschaffen wird.

Visualisiert für die drei Gebäudebegrünungskategorien ergibt sich der Entscheidungsbaum in Abb. 4.7.

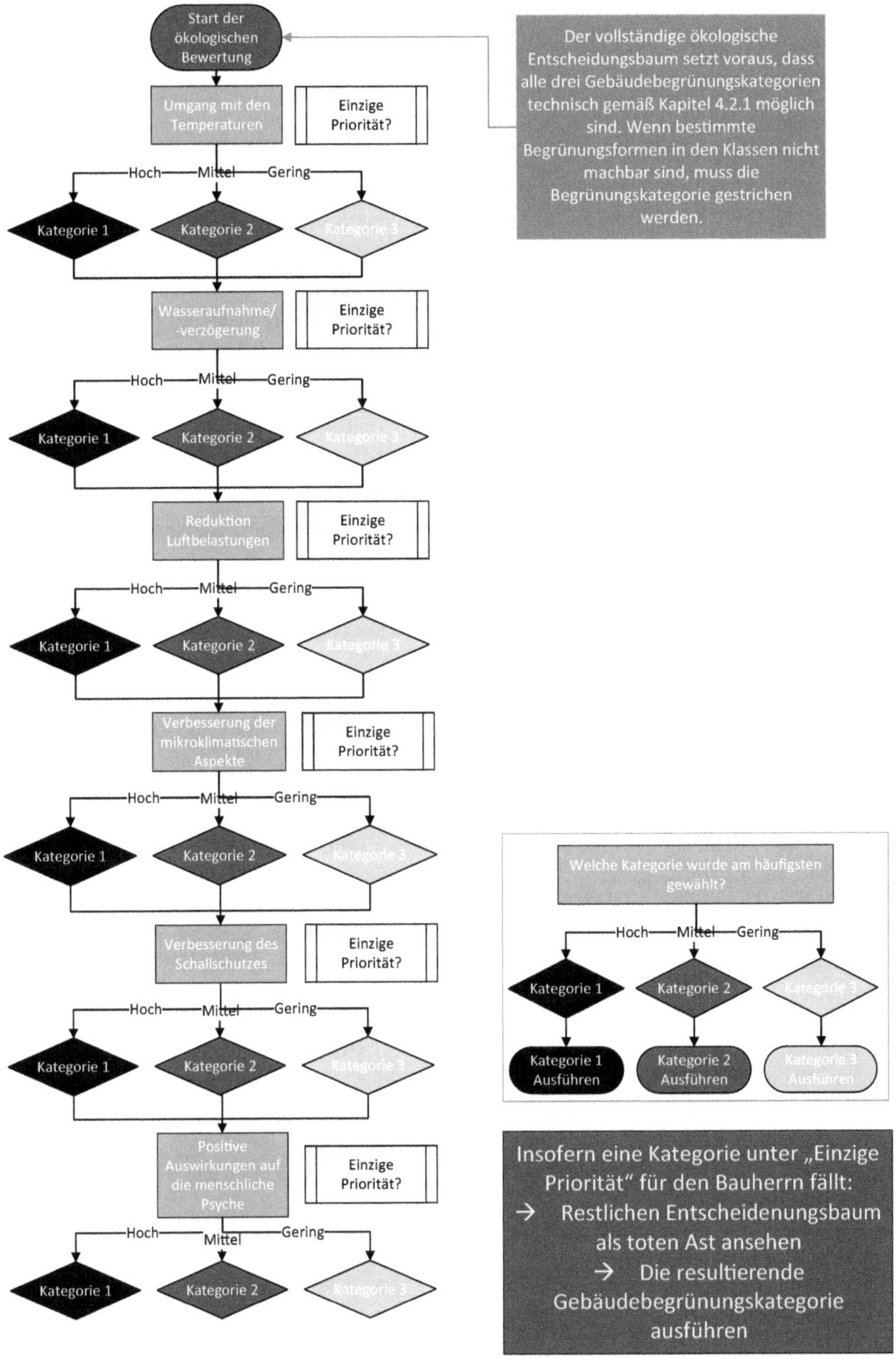

Abb. 4.7 Entscheidungsbaum zur visuellen Darstellung für die Bauherrenberatung

Die *Anwendung* ist wie folgt: Oben links mit Start wird begonnen. In Pfeilrichtung werden dann alle dargestellten Aspekte der ökologischen Gesichtspunkte vom Bauherrn abgefragt. Dabei muss er angeben, ob er in dem jeweiligen Aspekt eine hohe, mittlere oder geringe Wirkung für sein Gebäude anstrebt. Nachdem alle sechs Aspekte ausgewählt wurden, muss ausgewertet werden, wie oft die Ausprägungen „hoch", „mittel" oder „gering" gewählt wurden. Dazu wird der orangefarbene Kasten unten rechts verwendet. Wird festgestellt, dass am häufigsten „hoch" gewählt wurde, sollte Kategorie 1 ausgeführt werden, bei „mittel" die zweite Kategorie und bei „gering" die dritte Kategorie. Entscheidet sich der Bauherr jedoch für eine Kategorie als „einzige Priorität", sind die Regeln des roten Kastens anzuwenden. Denn damit legt sich der Bauherr direkt auf eine Kategorie 1–3 fest, die dann als Wunsch definiert ist. Der restliche Entscheidungsbaum ist dann als „toter Ast" zu betrachten.

Voraussetzung für die Anwendung des ökologischen Entscheidungsbaumes ist, dass die genannten Begrünungsformen gemäß Abschn. 4.2.1 realisierbar sind, siehe dazu den orangen Kasten oben rechts. Nach der technischen und ökologischen Auswahl sind im Folgenden die wirtschaftlichen und die rechtlichen Auswirkungen zu analysieren. Wird dabei festgestellt, dass die Belange des Bauherrn erfüllt werden, ist die Planung für die ausgewählte Gebäudebegrünungskategorie durch den Bauherrn zu veranlassen.

Literatur

1. Breuer, A.: Einsatzmöglichkeiten von grün-blauer Infrastrukturen zur Klimaanpassung im Wohnungsbau und in der Quartiersentwicklung, Bachelorarbeit, Hochschule Darmstadt, 2020.
2. Forschungsgesellschaft Landschaftsentwicklung Landschaftsbau e. V. (FLL): Dachbegrünungsrichtlinien – Richtlinien für Planung, Bau und Instandhaltung von Dachbegrünungen, Bonn, 2018.
3. Albert, A.: Bautabellen für Ingenieure : mit Berechnungshinweisen und Beispielen, 25. Auflage, Reguvis, Köln, 2022.
4. ZinCo GmbH: Planungshilfe: Systeme für begrünte Schrägdächer, Broschüre, 2023.
5. Pfoser, N. et al.: Gebäude, Begrünung und Energie – Potenziale und Wechselwirkungen, Forschungsbericht, Technische Universität Darmstadt, 2013.
6. Melzer, B.: Die Haftwurzeln des Efeus (Hedera helix L.) – Funktionsmorphologie und Biomechanik, Dissertation, Albert – Ludwigs – Universität zu Freiburg im Breisgau, 2011.
7. Pfoser, N.: Grüne Fassaden, 1. Auflage, Verlag DETAIL Business Information GmbH, München, 2023.
8. Forschungsgesellschaft Landschaftsentwicklung Landschaftsbau e. V. (FLL): Fassadenbegrünungsrichtlinien – Richtlinien für Planung, Bau und Instandhaltung von Fassadenbegrünungen, Bonn, 2018.
9. Pfoser, N.: Vertikale Begrünung, Verlag Eugen Ulmer, 2018.
10. Köhler, M. et al.: Handbuch Bauwerksbegrünung, 2. Auflage, Verlagsgesellschaft Rudolf Müller GmbH & Co. KG, Köln, 2022.
11. Optigrün international AG: https://www.optigruen.de/systemloesungen, [Zugriff am: 02.08.2024].
12. Pfoser, N.: Fassade und Pflanzen – Potenziale einer neuen Fassadengestaltung, Dissertation, Technische Universität Darmstadt, 2016.
13. Bundesverband GebäudeGrün e. V.: Grüne Innovation Dachbegrünung – Positive Wirkung, Grundlagenwissen, Praxisbeispiele, 01/2023.

14. Bundesverband GebäudeGrün e. V.: Übersicht der deutschen Städte mit Förderprogrammen mit finanziellen Zuschüssen für Dach- bzw. Fassadenbegrünung, 11/2021.
15. Bundesverband GebäudeGrün e. V.: https://www.gebaeudegruen.info/gruen/foerderungen/foerderung-2021, [Zugriff am: 13.08.2024].
16. Götsch, T. et al.: Förderprogramm zur Begrünung von Dach-, Fassaden- und Entsiegelungsflächen, Klimaschutzagentur Mannheim, Juni 2016.
17. Intergovernmental Panel on Climate Change (IPCC): Summary for Policymakers, In: Climate Change 2021: The Physical Science Basis. Contribution of Working Group I to the Sixth Assessment Report of the Intergovernmental Panel on Climate Change, Cambridge University Press, Cambridge, United Kingdom and New York, NY, USA, 2021.
18. Oke, T.: The energetic basis of the urban heat island, Quarterly journal of the royal meteorological society 108.455, 1982.
19. Wiener Umweltschutzabteilung – Magistratsabteilung 22: Urban Heat Islands Strategieplan Wien, Magistrat 22, 2015.
20. Scharf, B., Stangl, R.: GRÜNER SCHUTZSCHIRM FÜR GEBÄUDE Beitrag von Dach- und Fassadenbegrünung zum Energiehaushalt von Gebäuden, Österreichische Ingenieur- und Architekten – Zeitschrift, OIAZ 166, September 2021.
21. Senatsverwaltung für Stadtentwicklung: Konzepte der Regenwasserbewirtschaftung. Gebäudebegrünung, Gebäudekühlung, Leitfaden für Planung, Bau, Betrieb und Wartung, Senatsverwaltung für Stadtentwicklung, Berlin, 2010.
22. Krusche, P. et al.: Ökologisches Bauen., Bauverlag, Wiesbaden und Berlin, 1982.
23. Ottelé, M.: The Green Building Envelope, Dissertation, Universität Delft, 2011.
24. Köhler, M., Malorny, W.: Wärmeschutz durch extensive Gründächer, In: Venzmer H.: Europäischer Sanierungsplan 2009, 195–212. 978-3-410-16871-3, Berlin, Beuth Verlag, 2009.
25. Bundeszentrale für politische Bildung: https://www.bpb.de/themen/nationalsozialismus-zweiter-weltkrieg/dossier-nationalsozialismus/39602/infrastruktur-und-gesellschaft-im-zerstoerten-deutschland/, [Zugriff am: 04.08.2024].
26. SÜWE Vertriebs- und Dienstleistungsgesellschaft mbH & Co.KG: https://media04.wochenblatt-reporter.de/article/2020/01/23/1/325261_XXL.jpg?1579805851, [Zugriff am: 28.08.2024].
27. Gesamtverband der Deutschen Versicherungswirtschaft e.V. (GDV): https://www.gdv.de/gdv/medien/medieninformationen/versiegelungsstudie-ludwigshafen-ist-die-am-staerksten-versiegelte-stadt-in-deutschland%2D%2D133126, [Zugriff am: 04.08.2024].
28. Brechtel, H.: Interzeption. In : Baumgartner, A.; Liebscher, H. (Hrsg.): Lehrbuch der Hydrologie, Band I (Allgemeine Hydrologie), Stuttgart: Borntraeger, 1990.
29. Deutsches Institut für Normung e. V.: DIN 1986-100: Entwässerungsanlagen für Gebäude und Grundstücke – Teil 100: Bestimmungen in Verbindung mit DIN EN 752 und DIN EN 12056, Beuth Verlag, Berlin, 2016.
30. Geyler, S. et al.: Nachhaltige Regenwasserbewirtschaftung – aktuelle Steuerungstendenzen im Siedlungsbestand, UFZ Discussion Paper, Leipzig: Helmholtz – Zentrum für Umweltforschung, 3/2013.
31. Kumar, P. et al.: New directions: from biofuels to wood stoves: the modern and ancient air quality challenges in the megacity of Sau Paulo. In: Atmosphere Environment 140, 2016.
32. Abhijith, K., Kumar, P.: Field investigations for evaluating green infrastructure effects on air quality in open-road conditions, Atmospheric Environment, 201, 2019.
33. Cadelis, G. et al.: Short-Term Effects of the Particulate Pollutants Contained in Saharan Dust on the Visits of Children to the Emergency Department due to Asthmatic Conditions in Guadeloupe (French Archipelago of the Caribbean), PLoS ONE 9 (3), e91136, 2014.
34. Fang, Y. et al.: Air pollution and associated human mortality: the role of air pollutant emissions, climate change and methane concentration increases from the preindustrial period to present, Atmospheric Chemistry and Physics 13, 1377–94, 2013.

35. Verein Deutscher Ingenieure e. V.: VDI 2119: 2013-06, Messen von Immissionen – Probenahme von atmosphärischen Partikeln > 2,5 µm auf einer Akzeptorfläche mit dem Passivsammler Sigma-2-Lichtmikroskopische Charaterisierung sowie Berechnung der Anzahlsedimentationsrate und der Massekonzentration, 2013.
36. Umweltbundesamt: https://www.umweltbundesamt.de/daten/luft/luftschadstoff-emissionen-in-deutschland/emission-von-feinstaub-der-partikelgroesse-pm25, [Zugriff am: 08.08.2024].
37. Neher, P.: Fallstudien zu Stickstoffdioxid und Feinstaub – Untersuchung und Vergleich verschiedener Pflanzenarten und Dachflächen im urbanen Raum, Dissertation, Universität Hohenheim, 2022.
38. Karagulian, F. et al.: Contributions to cities' ambient particulate matter (PM): A systematic review of local source contributions at global level, Atmospheric Environment, 2015.
39. Requia, W. et al.: Global Association of Air Pollution and Cardiorespiratory Diseases: A Systematic Review, Meta-Analysis, and Investigation of Modifier Variables, American Journal of Public Health 108, 2018.
40. Heal, M. et al.: Particles, air quality, policy and health, Chemical Society Reviews 41 (19), 2012.
41. Peters, R. et al.: Air pollution and dementia: a systematic review. Journal of Alzheimer's Disease 70.s1, 2019.
42. Schork, S.: CO_2 – Bindung durch Hydrokulturpflanzen und Cyanobakterien – ein Vergleich im Büro Innenraum, Forschungsbericht, Technische Hochschule Aschaffenburg, 2022.
43. Herfort, S. et al.: CO2-Bindungsvermögen der für die Bauwerksbegrünung typischen Pflanzen, Bericht, Institut für Agrar- und Stadtökologische Projekte an der Humboldt-Universität zu Berlin (IASP), 2012.
44. Wetzchewald, A.: Weniger ist Mehrwert – Exnovation und die urbane Verkehrswende: Handlungsempfehlung für die aktive Gestaltung der Verkehrswende durch Exnovation, Zukunftsimpuls, Nummer 26, Wuppertal Institut für Klima, Umwelt, Energie, Wuppertal, 2023.
45. Kuttler, W.: Urbanes Klima. Teil 2, In: Gefahrstoffe – Reinhaltung der Luft, Umweltmeteorologie 70, Nummer 9, 2010.
46. Bartfelder, F.; Köhler, M.: Experimentelle Untersuchungen zur Funktion von Fassadenbegrünung (Experimental investigations into the functioning of facade greening systems), Dissertation, Freie Universität Berlin, 1987.
47. Althaus, C. et al.: Empfehlungen zur Fassadenbegrünung an öffentlichen Bauwerken, MBW Ministerium für Bauen und Wohnen des Landes Nordrhein-Westfalen, Düsseldorf, 1991.
48. Gorbachevskaya, O.; Herfort, S.: Feinstaubbindungsvermögen der für Bauwerksbegrünung typischen Pflanzen, Bericht, Institut für Agrar- und Stadtökologische Projekte an der Humboldt-Universität zu Berlin (IASP), 2012.
49. Bundesministerium für Umwelt, Naturschutz, Bau und Reaktorsicherheit (BMUB): Grün in der Stadt – Für eine lebenswerte Zukunft: Grünbuch Stadtgrün, 1. Auflage, Bonn, 2015.
50. Carsen, R.: Der stumme Frühling, CH Beck, 2007.
51. Greenpeace e. V.: https://www.greenpeace.de/biodiversitaet/artenkrise/artensterben, [Zugriff am: 08.08.2024].
52. einfach Heimat: https://einfach-heimat.de/media/magefan_blog/TitelHausfassadeVertikaleG_rten.jpg, [Zugriff am: 10.08.2024].
53. Hauck, T.; Weisser, W.: AAD – Animal – Aided Design, Broschüre, Technische Universität München, Freising, 2015.
54. Linke, T.: Gebäudebegrünung als Lärmschutzmaßnahme im innerstädtischen Raum – Welchen Beitrag können Dach- und Fassadenbegrünungen zum Lärmschutz leisten?, Masterarbeit, HafenCity Universität Hamburg, 2017.
55. Bundesrepublik Deutschland: Bundes – Immissionsschutzgesetz § 47b Begriffsbestimmungen.
56. Kunstmann, H.; Dietrich, F.: Messtechnische Bestimmung der Schalldämmung einer Lärmschutzwand von Typ „COMPACTA" der Firma Helix – Pflanzensysteme GmbH – Gutachten Leipzig, 2009.

57. Mann, G.: Nutzen begrünter Dächer – eine Frage des Blickwinkels, Ditzingen, 2000.
58. Weber, M.: Positive Wirkung begrünter Dächer – Zusammenstellung positiver Fakten aus aller Welt, Diplomarbeit, Fachhochschule Erfurt, 2011.
59. Van Renterghem, T.; Botteldooren, D.: Numerical evaluation of sound propagating over green roofs, In: Journal of Sound and Vibration 317 (3–5), 2008.
60. Feldmann, J. et al.: Umweltbelastung durch Verkehrsgeräusche sowie Aspekte der Schallausbreitung und Schallabsorption in Straßenschluchten, 2013.
61. Buchta, E. et al.: Lärmmindernde Wirkung von Bewuchs in Straßenschluchten und Höfen, Bonn, 1984.
62. Czapiewski, O.: Zur Akzeptanz von Fassadenbegrünungen – Eine Befragung über Fassadenbegrünungen im Raum Neubrandenburg, Master-Thesis, Hochschule Neubrandenburg, 2022.
63. Ulrich, R. et al.: View Through a Window May Influence Recovery from Surgery, American Association for the Advancement of Science, Science 224, 420, 1984.
64. Mitscherlich, A.: Die Unwirtlichkeit unserer Städte. Anstiftung zum Unfrieden, 27. Auflage, Suhrkamp 1965, Frankfurt am Main, 2013.
65. Kaplan, S.: The restorative benefits of Nature: Towards an integrative framework, Academic Press Limited, Journal of environmental psychology 15, Department of Psychology, University of Michigan, 1995.
66. Schilling, J.; Werland, L.: Handbuch Friedenspsychologie: Klimawandel und Umweltkonflikte, ISBN: 978-3-8185-0565-3, 2022.
67. Arvay, C.: Der Biophilia-Effekt: Heilung aus dem Wald. Edition a, Wien, 2015.
68. Köhler, M.; Schmidt, M.: Hof-, Fassaden- und Dachbegrünung. Ergebnisse einer zwölfjährigen Begrünungsutopie, In: Landschaftsentwicklung und Umweltforschung, Nummer 105, 1997.
69. Schlößer, S.: Zur Akzeptanz von Fassadenbegrünung: Meinungsbilder Kölner Bürger – eine Bevölkerungsbefragung, Dissertation, Universität Köln, 2002.
70. Verband für Bauwerksbegrünung: Grundlagen der Dachbegrünung, 2016.
71. Stollberg, M.; von Birgelen, A.: Was Fassadenbegrünung wirklich leisten kann, Stadt + Grün/ Das Gartenamt, A 3125, Band 3/ 2024, Patzer Verlag, Berlin – Hannover, 2024.
72. Radic, M. et al.: Green Facades and Living Walls – A Review establishing the Classification of Construction Types and Mapping the benefits, Sustainability, Volume 11, Number 17, 2019.

Praktische Anwendung der Entscheidungsbäume

5

Inhaltsverzeichnis

5.1 Darstellung eines Bestandsgebäudes

Zur Verifizierung des entwickelten ökologischen Entscheidungsbaumes (vgl. Abb. 4.7) wird dieser im folgenden Kapitel angewendet. Hierfür wird ein fiktives Projekt definiert und die Zusammenhänge erläutert.

Das Bestandsgebäude ist in der Bundeshauptstadt Berlin verortet und umfasst insgesamt 14 Wohneinheiten. Diese wurden im Rahmen einer Insolvenz an den Privatinvestor veräußert. Der neue Eigentümer ist ein Verfechter innovativer ökologischer Ansätze und strebt im Zuge dessen eine umfassende Sanierung und Begrünung des Gebäudes an. Über die konkrete Ausgestaltung seiner Vorstellungen hinsichtlich einer möglichen Gebäudebegrünung verfügt er jedoch noch nicht. Aus diesem Grund wendet er sich an eine Gebäudebegrünungsfirma, um sich beraten zu lassen. Die Gebäudebegrünungsfirma ist im Besitz des in dieser wissenschaftlichen Ausarbeitung gezeigten Entscheidungsbaumes (siehe Abb. 4.1, 4.2 und 4.7). Der Entscheidungsbaum wird als Pilotprojekt angewendet, um dem Investor eine Begrünungsvariante vorzuschlagen sowie die Stärken und das noch offene Potenzial der Entscheidungsbäume herauszufinden.

D. Miklosch, *Untersuchung von innovativen Gebäudebegrünungssystemen unter ökologischen Gesichtspunkten im urbanen Umfeld*, Entwicklung neuer Ansätze zum nachhaltigen Planen und Bauen, https://doi.org/10.1007/978-3-658-48659-4_5

Das fiktive Gebäude umfasst insgesamt vier Etagen. Die Anzahl der Wohneinheiten beläuft sich auf vier pro Etage, wobei sich auf der vierten Etage zwei Penthouse-Wohnungen befinden. Das Dach des Gebäudes ist als begehbares, gepflastertes Flachdach mit einer Neigung von 3° ausgeführt. Des Weiteren ist das Gebäude entlang einer Hauptstraße errichtet und unmittelbar zwischen zwei weiteren, gleich hohen Gebäuden gebaut. Das Gebäude ist zur Straßenseite hin nicht direkt an den Gehweg angebaut, sondern weist in etwa 50 cm freie Bodenfläche auf, welche bisher gepflastert ist. Die Fassade zur Straßenseite sowie die Rückseite des Hauses sind mit einer Natursteinverkleidung versehen. Da das Gebäude an beiden Seiten angebaut ist, werden die Flächen in diesem Kontext vernachlässigt. Die Dachfläche umfasst 322 m^2, während die Fassadenfläche zur Straße und zur Rückseite des Hauses jeweils 214 m^2 beträgt.

5.2 Anwendung der Entscheidungsbäume

Im Folgenden werden zunächst die Möglichkeiten einer Dachbegrünung untersucht, anschließend erfolgt eine Betrachtung der Varianten der Fassadenbegrünung, um festzustellen, ob alle drei Kategorien der Gebäudebegrünung aus Abschn. 4.1 realisierbar sind. Anschließend folgt eine Erläuterung des ökologischen Entscheidungsbaums gegenüber dem Bauherrn, um eine geeignete Begrünungsform zu bestimmen.

In Bezug auf die Dachbegrünung findet der in Abb. 4.1 dargestellte Entscheidungsbaum Anwendung. In einem ersten Schritt ist zu eruieren, ob auf dem zu sanierenden Dach ausreichend Freiflächen zur Verfügung stehen. Aufgrund der bisherigen Nutzung des Daches als Dachterrasse kann die Frage mit „Ja" beantwortet werden. In der Folge ist zu bestimmen, ob 3 kN/m^2 Traglastreserven bestehen. Durch die Entfernung des alten Dachaufbaus sowie der ungenutzten Traglastreserven steht gemäß Berechnung des Statikers ein Tragvermögen von 3,1 kN/m^2 zur Verfügung. Folglich kann im linken Pfad fortgefahren werden. Des Weiteren ist die Dachneigung mit 3° angegeben, weshalb als nächstes eine Prüfung der Lichtverhältnisse stattfinden kann. Aus der Tatsache, dass das Bestandsgebäude eine identische Höhe zu allen übrigen umliegenden Gebäuden aufweist, lassen sich positive Lichtverhältnisse ableiten. Als nächstes ist die Möglichkeit einer Dachbegehung zu evaluieren, da das Dach schon früher begehbar war, ist hier mit „Ja" zu antworten.

Der Investor gab zu Protokoll, dass die für die Nähr- und Wasserversorgung benötigten Leitungen auf das Dach in das Gesamtsanierungskonzept integrierbar seien. Folglich kann der Punkt für die Versorgung mit „Ja" beantwortet werden und die regelmäßige Wartung wird durch eine Fachfirma übernommen. In Konsequenz ist auf dem Dach eine Intensivbegrünung möglich. Da die Extensivbegrünung niedrigere Anforderungen in sämtlichen Punkten aufweist, wäre auch diese als Ausweichmöglichkeit offen, sollte sich anhand des ökologischen Entscheidungsbaums die Extensivbegrünung herauskristallisieren.

In Abb. 5.1 wird der Gebäudecharakteristika-Entscheidungsbaum für die Dachbegrünung dargelegt, um die einzelnen, entlang des Pfads zuvor evaluierten Schritte zu veranschaulichen.

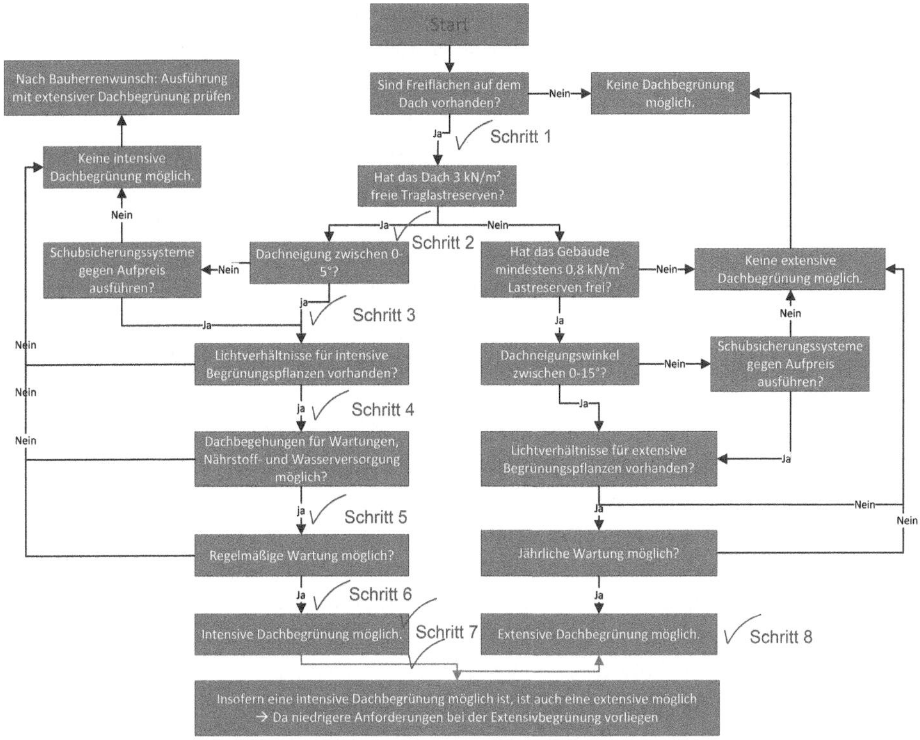

Abb. 5.1 Visualisierung des Pfades bei der Dachbegrünung

Im Folgenden werden die beiden Fassaden betrachtet, welche seitens des Investors saniert und begrünt werden sollen. In Bezug auf die Fassaden ist festzuhalten, dass lediglich die Fassade zur Straße sowie zum Hinterhof zur Verfügung steht, da an den übrigen Seiten die nächsten Nachbargebäude in gleicher Höhe angebaut sind. Daher ist eine Begrünung dieser Fassadenflächen gemäß Entscheidungsbaum Abb. 4.2 nicht zulässig. In Bezug auf die Wartung ist festzuhalten, dass die beiden anderen Fassadenflächen mit einem Hubwagen erreichbar sind. Dies ist zum einen auf die direkte Anfahrbarkeit der Frontfassade von der Straße und zum anderen auf die Erreichbarkeit der hinteren Fassade über den Hof auf dem hinteren Teil des Grundstücks zurückzuführen. Diese ist über eine Einfahrt des Nachbarn zu erreichen. In einem nächsten Schritt ist der Boden- und Bodenwasseranschluss zu klären. In diesem Zusammenhang ist von entscheidender Bedeutung, ob die weitere Prüfung zu einer bodengebundenen Begrünung oder zu einer wandgebundenen Begrünung führen wird. Sofern ein Boden- und Bodenwasseranschluss vorhanden ist, sind beide Varianten, d. h. eine boden- oder wandgebundene Begrünung, möglich. Falls kein Boden- und Bodenwasseranschluss vorhanden ist, kann lediglich eine wandgebundene Begrünung realisiert werden.

Das Bestandsgebäude weist eine Fläche von 50 cm Breite vor dem Gebäude auf, welche aktuell mit Pflastersteinen versehen ist. Der Bauherr ist bereit, die Fläche zu öffnen und eine Prüfung der Bodenqualität vorzunehmen. Im Rahmen der Bodenuntersuchung wurde eine mangelhafte Bodenqualität festgestellt, welche seitens des Bauherrn gegen Mehrkosten ausgebessert werden würde. In der Folge sind die Lichtverhältnisse zu evaluieren. Im Rahmen der Untersuchung der Lichtverhältnisse wurde festgestellt, dass sowohl die Frontfassade als auch die Hinterhoffassade sonnige bis halbschattige Verhältnisse aufweisen. In Anlehnung an die Fassadenbegrünungsrichtlinien [1] wird die Efeubegrünung „Hedera helix" als geeignet erachtet. Diese erreicht eine mittlere Wuchshöhe zwischen 20 und 25 m und erfordert einen mittleren Pflegeaufwand. Die Wandkonstruktion erweist sich als geeignet für die Efeubegrünung, da sie aus einem massiven Wandaufbau besteht und geschlossene Fugen sowie eine intakte Außenhülle aufweist. Die durchgeführten Prüfungen haben ergeben, dass die Fassade das Gewicht von 170 kg pro Pflanze ohne Beeinträchtigungen trägt. Folglich kann eine bodengebundene Begrünung mit Direktbewuchs in Erwägung gezogen werden.

Im Rahmen der weiteren Untersuchungen ist zu prüfen, ob eine wandgebundene Begrünung in modularer Bauweise für die Gebäudekategorie 1 realisierbar ist. An dieser Stelle ist der Pfad „Nein" bei Boden- und Bodenwasseranschluss auszuwählen. Es ist zu betrachten, ob Pflanzenarten für den Einsatz bei sonnigen bis halbschattigen Lichtverhältnissen verfügbar sind. In der Fassadenbegrünungsrichtlinie werden die Arten: „Astrantia major", „Bergenia cordifolia", „Euonymus fortunei" und „Gaultheria procumbens" als geeignete Pflanzen festgestellt. Außerdem existiert eine Vielzahl an weiteren Pflanzen, die unter diesen Voraussetzungen eine Eignung aufweisen. Die genannten Pflanzen und weitere sind im Anschluss nach einer Auswahl geeigneter Varianten für die Fassadenbegrünung gemäß den Präferenzen des Bauherrn zusammenzustellen.

Im Anschluss ist zu bestimmen, ob eine adäquate Nähr- und Wasserversorgung gewährleistet werden kann. Da der Bauherr eine vollkommene Sanierung der technischen Gebäudeausrüstung plant, ist sicherzustellen, dass die Versorgung integriert wird.

Im Anschluss daran ist zu evaluieren, ob die Primär- und Sekundärstruktur das Gewicht gemäß statischem Nachweis zu tragen imstande ist. Infolge der Demontage der bestehenden Natursteinfassade und der Berücksichtigung verfügbarer Tragfähigkeiten kann laut Statiker eine Zusatzbelastung von bis zu 100 kg/m^2 realisiert werden. Infolgedessen kann gemäß Entscheidungsbaum in Abb. 4.7 eine wandgebundene Begrünung aus einem modularen und einem flächigen System realisiert werden. Eine wandgebundene Begrünung mit Pflanzengefäßen ist jedoch aufgrund des hohen Gewichts laut Statiker nicht machbar.

In Abb. 5.2 wird der Gebäudecharakteristika-Entscheidungsbaum für die Fassadenbegrünung dargelegt, um die einzelnen, entlang des Pfads zuvor evaluierten Schritte zu veranschaulichen.

Aus den dargelegten Entscheidungsbäumen lässt sich ableiten, dass alle drei zuvor definierten Gebäudeklassen umsetzbar sind und somit keine von vornherein ausgeschlossen werden muss. In diesem Zusammenhang sei darauf verwiesen, dass im Rahmen der vorliegenden Untersuchung ausschließlich die in Abschn. 4.1 definierten Gebäudebegrünungsklassen Berücksichtigung finden. Andere Mischformen oder Kombinationen mit Photovoltaikanlagen werden nicht betrachtet.

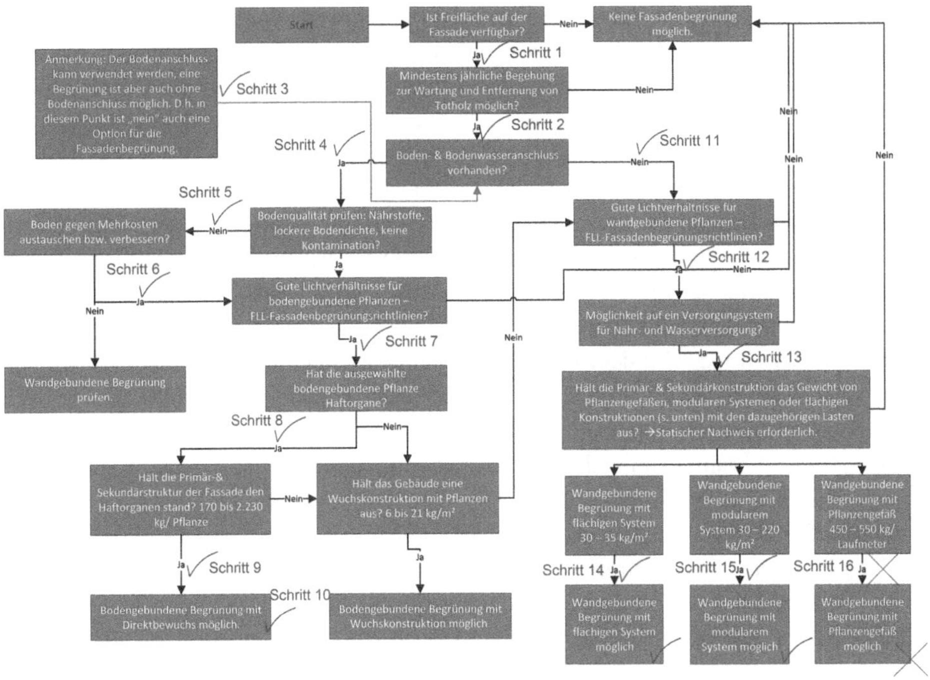

Abb. 5.2 Visualisierung des Pfades bei der Fassadenbegrünung

Im Folgenden ist der ökologische Entscheidungsbaum aus Abb. 4.7 zu prüfen. Der vorliegende Entscheidungsbaum basiert auf qualitativen Wünschen des Bauherrn, welche im Verlauf eines Gespräches zu ermitteln sind.

Der Investor legt Wert auf eine effektive Wärmedämmung für die Bewohner des Gebäudes sowie auf eine signifikante Temperatursenkung im Umfeld. Folglich ist die Option „Hoch" zu wählen. Des Weiteren ist zu berücksichtigen, dass der Bauherr einen maximalen Beitrag zur Entlastung der Kanalisationen leisten möchte, um Überschwemmungen im urbanen Gebiet entgegenzuwirken. In der Konsequenz fällt die Wahl auf den Wert „Hoch". Im Hinblick auf die Reduktion von Luftbelastungen ist der Investor bestrebt, einen moderaten Beitrag zu leisten, da er grundsätzlich die Auffassung vertritt, dass der städtische Raum von motorisierten Fahrzeugen möglichst freigehalten werden sollte. Diesbezüglich ist er der Ansicht, dass die Stadt aktiv gegen die Luftverschmutzung vorgehen sollte. Dennoch erachtet er es als erforderlich, einen Beitrag zu leisten. Aus der Perspektive der Förderung der Flora und Fauna in urbanen Räumen sowie der damit einhergehenden Steigerung der Biodiversität lässt sich ein deutliches Interesse an einer hohen Priorisierung ableiten. In Bezug auf den Schallschutz wird aufgrund der Lage des Gebäudes an einer viel befahrenen Straße ein hoher Beitrag angestrebt, um die Nutzer möglichst vom Lärm zu entlasten und auch den Lärm in der Umgebung durch den Einsatz zu lindern. Abschließend strebt er für sein Gebäude an, einen Imagewert zu generieren und eine hohe Pflanzenvielfalt an seinem Gebäude zu etablieren. Dadurch erhofft er sich, dass zukünftige Mieter ihre Entscheidung für sein Gebäude auch von dieser positiven Auswirkung abhängig machen. Daher lässt sich eine mittlere bis hohe Tendenz hinsichtlich der positiven Wirkung auf die menschliche Psyche feststellen. Analog ist zu erkennen, dass er diesen Effekt auch an der Hinterhoffassade erzielen möchte und den Nutzern auf dem Dach die Möglichkeit bieten will, einen Garten im urbanen Gebiet zu betreiben.

Eine Auswertung der Punkte ergibt, dass keine einzelne Priorität gesetzt wird, sondern die insgesamt hohe ökologische Wirkung der neuen Bestandsimmobilie im Vordergrund steht. Die Abstimmung ergab viermal die Bewertung „hoch", einmal die Bewertung „mittel bis hoch" und einmal die Bewertung „mittel".

Aus diesem Grund wird dem Investor die Gebäudekategorie eins empfohlen, da sein Gebäude sowohl die Anforderungen hinsichtlich der Charakteristika erfüllt als auch den ökologischen Wünschen entspricht. Unter der Prämisse, dass der Investor nur einmal die Option „hoch" gewählt und im Übrigen die Antwort „mittel" gegeben hätte, wäre ihm die Kategorie 2 empfohlen worden.

In Abb. 5.3 wird der ökologische Entscheidungsbaum dargelegt, um die einzelnen, entlang des Pfads zuvor evaluierten Schritte zu veranschaulichen.

In einem nächsten Schritt sind die ökonomischen Kosten zu evaluieren. Die Kosten für die Intensivbegrünung des Daches mit einer Fläche von 322 m^2 werden mit 80 €/m^2 veranschlagt, was einem Gesamtbetrag von 25.760 € entspricht. Die Kosten für die Fassaden betragen bei einer Fläche von jeweils 214 m^2 insgesamt 158.360 € laut Tab. 4.1.

Es wurden die unteren Kostenkennwerte für das Dach und die Fassade aus Tab. 4.1 entnommen, da auf dem Dach die kleinste Intensivbegrünung zu wählen ist (3,1 kN/m^2 verfügbar). Analog ist bei der Fassade zu verfahren, da eine wandgebundene Begrünung möglich ist aber lediglich eine mit maximal 100 kg/m^2 Gewicht (vgl. Tab. 4.1).

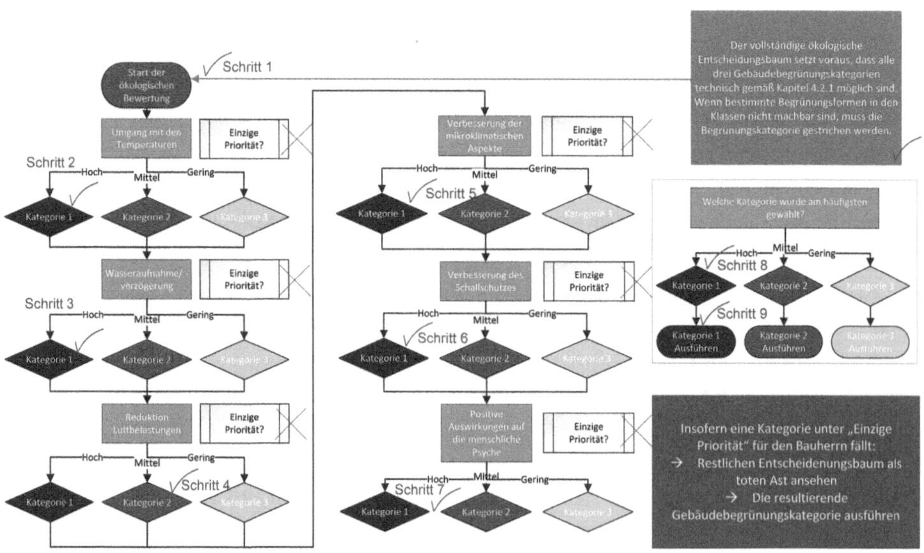

Abb. 5.3 Visualisierung des Pfades beim ökologischen Entscheidungsbaum

Die Instandhaltungs- und Wartungskosten für die Intensivbegrünung belaufen sich auf 1.127 € pro Jahr für das Dach und auf 15.836 € pro Jahr für die modulare, wandgebundene Fassadenbegrünung (vgl. Tab. 4.1).

Im Rahmen einer Kosten-Nutzen-Analyse ist zusätzlich eine Abwägung der Herstellungs- und Instandhaltungskosten für den Investor vorzunehmen, wobei auch die Tatsache zu berücksichtigen ist, dass eine neue Dachabdichtung mit Bitumen, Kies und Pflastersteinen notwendig gewesen wäre und dass ohnehin eine Erneuerung der Fassade ansteht. Des Weiteren besteht die Möglichkeit der Inanspruchnahme von Fördergeldern. Darüber hinaus weist eine Dachbegrünung auch eine höhere Lebensdauer auf als ein Kiesdach, sodass zukünftige Kosten eingespart werden [2]. Außerdem lassen sich ökologische Vorteile durch die Begrünung feststellen, welche in einen monetären Wert zu fassen sind. Beispielsweise weist ein mit Pflastersteinen belegtes Dach bei hohen Temperaturen im Sommer eine hohe Wärmestrahlung auf, sodass eine Nutzung des Daches nicht möglich ist. Demgegenüber führt die Intensivbegrünung zu einer Kühlung der Umgebung, wodurch eine Nutzung des Dachs möglich ist. [3]

5.3 Wirkungsabschätzung und Optimierungspotenzial

Eine exakte Quantifizierung der Auswirkungen der Gebäudebegrünungskategorie 1 auf das dargestellte Bestandsgebäude ist dabei lediglich im qualitativen Rahmen dieser wissenschaftlichen Ausarbeitung möglich. Denn die im ökologischen Kapitel genannten Werte und Kennzahlen basieren auf unterschiedlichen Messungen an diversen Standorten unter diversen Bedingungen, wobei jeweils unterschiedliche Gebäudebegrünungskonstruktionen, -aufbauten und Pflanzen berücksichtigt wurden. Ein weiteres Problem stellt die Tatsache dar, dass in einigen weiterführenden Studien keine Differenzierung zwischen wandgebundenen und fassadengebundenen Begrünungen vorgenommen wird [4]. In Bezug auf die untersuchten Systeme und deren einzelne Eigenschaften lässt sich jedoch feststellen, dass die Gebäudekategorie 1 den höchsten ökologischen Beitrag bei den Aspekten der Temperaturreduzierung, Wasseraufnahme, Belastungsreduktion, Mikroklima und Schallschutz leistet.

Unter der Voraussetzung, dass die wandgebundene Begrünung aus 20 cm dicken Pflanzenboxen mit einer Pflanzendicke von 10 cm auf einem 20 cm dicken Vollmauerwerk besteht, lässt sich gemäß Ottelé, M. [5] beispielhaft eine Verbesserung des thermischen Widerstands um 123 % feststellen. In seiner Beispielrechnung weist er für die unbegrünte Vollmauerwerkswand einen Gesamtwiderstand von 0,38 W/(m*K) und für dieselbe Wand mit der Begrünungskonstruktion einen Wert von 0,85 W/(m*K) aus. Eine 20 cm dicke, am Boden gebundene Kletterpflanze hingegen leistet auf der gleichen Wand nur einen Wert von 0,46 W/(m*K). In Kap. 4 finden sich darüber hinaus eine Reihe positiver exemplarischer Kennzahlen. Es sei darauf hingewiesen, dass es sich hierbei um Werte einzelner Messungen und Berechnungen handelt und diese bei dem dargestellten Gebäude variieren würden. [5]

Des Weiteren wurde im Abschn. 5.2 festgestellt, dass die Kategorie 1 die empfohlene Vorgehensweise darstellt. In weiteren Gesprächen mit Fachfirmen, wie beispielsweise der

Optigrün International AG oder der Sempergreen Group, ist dann zu erörtern, wie die Fassaden- und Dachbegrünung im Detail ausgestaltet wird. Es sind die Grundzüge zu bestimmen und nun sind die weiteren Ausgestaltungswünsche der Bauherren als Einflussfaktor einzubeziehen.

Darüber hinaus ist es erforderlich, qualitative Bewertungen in konkrete und greifbare Werte für jede Form der Fassaden- und Wandbegrünung zu überführen. Dazu sind weiterführende Messungen notwendig, insbesondere eine Vereinheitlichung von Messdaten, welche die konkreten Entlastungen für die Umgebung und das Bauwerk aufzeigen, abhängig von den jeweiligen Begrünungsformat, dem Substrataufbau sowie den Pflanzenarten und der Pflanzendichte. In diesem Zusammenhang sind zukünftig Überlegungen anzustellen, bei denen Gebäude in verschiedenen Klimazonen und Umgebungsbedingungen hinsichtlich Schall, Feinstaub, CO_2, Wasseraufnahme und Temperatur allgemeine Messungen analysiert werden. Im Rahmen dieser Untersuchungen sollten die in Abschn. 2.2 und 2.3 vorgestellten Begrünungsvarianten berücksichtigt und deren jeweilige Auswirkung auf die ökologischen Problematiken urbaner Gebiete analysiert werden. Dabei sind Langzeituntersuchungen unerlässlich, da beispielsweise Dach- und Fassadenbegrünungen nicht unmittelbar nach ihrer Anbringung von Fauna besiedelt werden, sondern es sich um einen langfristigen und zeitintensiven Prozess handelt.

Die Ergebnisse dieser Untersuchungen dienen der Gewinnung allgemeiner Erkenntnisse, deren Anwendung in weiteren Projekten die Ermittlung ihrer Auswirkungen ermöglicht.

Diesbezüglich stellt sich auch die Frage, ob die erfassten Werte u. a. im Kontext der Schallschutzauswirkung an einem Beispielobjekt bei einem ähnlich konzipierten Projekt in gleicher Weise erzielt werden. Diesbezüglich sind ebenfalls Untersuchungen zu den weiteren ökologischen Aspekten, wie beispielsweise dem Feinstaub, durchzuführen.

Nachfolgend ist dann anhand eines Referenzobjekts zu bestimmen, bzw. zu klären, bei welcher Feinstaubbelastung in der Umgebung und Höhenlage die Begrünung welche Anzahl an Partikeln aufnimmt. Denn mit zunehmender Gebäudehöhe nimmt auch die Feinstaubbelastung in der Luft ab, was sich dann auch auf die Aufnahmewirkung der Fassadenbegrünung auswirkt.

Auch der Bundesverband GebäudeGrün e. V. bestätigt in seiner aktuellen Forschungsausschreibung einen bestehenden Forschungsbedarf hinsichtlich der Dach- und Fassadenbegrünung. Auf Ihrer Internetseite [6] werden insgesamt 26 Forschungsfragen präsentiert. In den Forschungsfragen wird ersichtlich, dass es eine Wissenslücke gibt, die es zu füllen gilt. Die Forschungsthemen lassen sich wie folgt zusammenfassen:

> *„Lärm- und Schallschutz begrünter Dächer und Fassaden, Feinstaubbindung durch Dach- und Fassadenbegrünung, Klimaverbesserung durch Gebäudebegrünung, Vorkommen von Tieren in Gebäuden im Vergleich zu begrünten und unbegrünten Fassaden“*. [6]

Sofern die Forschungsfragen beantwortet bzw. weitere allgemeine Erkenntnisse zur Gebäudebegrünung aufgestellt werden, ist der Entscheidungsbaum aus der qualitativen Ebene heraus mit Kennzahlen zu belegen und damit zu optimieren. Denn die gängige Praxisdevise, auch bestätigt durch Telefonate mit einem marktführenden Begrünungsunternehmen, besagt bisher, dass die ökologischen Auswirkungen umso besser sind, je mehr Substrat und Grünmasse an der ausgewählten Fassaden- und Dachbegrünungsart vorhanden ist und welche Begrünungsvariante genutzt wird. Eine Differenzierung zwischen den einzelnen Abstufungen ist aufgrund der vorliegenden Datenlage nur begrenzt möglich.

Ein weiteres Optimierungspotenzial des ökologischen Entscheidungsbaums liegt in der Betrachtungsaufteilung von Dach und Fassade hinsichtlich ihres ökologischen Potenzials, wodurch eine detailliertere Beurteilung der einzelnen Ebenen möglich wird. In der Konsequenz kann der Bauherr eine Begrünungsform für eine Flächenart seines Gebäudes gemäß seiner ökologischen Ziele erhalten, ohne ein umfassendes Gesamtkonzept zu berücksichtigen, das beispielsweise bei einer intakten Fassade irrelevant ist.

Literatur

1. Forschungsgesellschaft Landschaftsentwicklung Landschaftsbau e. V. (FLL): Fassadenbegrünungsrichtlinien – Richtlinien für Planung, Bau und Instandhaltung von Fassadenbegrünungen, Bonn, 2018.
2. Bundesverband GebäudeGrün e. V.: Grüne Innovation Dachbegrünung – Positive Wirkung, Grundlagenwissen, Praxisbeispiele, 01/2023.
3. Köhler, M. et al.: Handbuch Bauwerksbegrünung, 2. Auflage, Verlagsgesellschaft Rudolf Müller GmbH & Co. KG, Köln, 2022.
4. Stollberg, M.; von Birgelen, A.: Was Fassadenbegrünung wirklich leisten kann, Stadt + Grün/ Das Gartenamt, A 3125, Band 3/ 2024, Patzer Verlag, Berlin – Hannover, 2024.
5. Ottelé, M.: The Green Building Envelope, Dissertation, Universität Delft, 2011.
6. Bundesverband GebäudeGrün e. V.: https://www.gebaeudegruen.info/gruen/forschung/aktuell-projekte-/-bedarf, [Zugriff am: 19.08.2024].

Zusammenfassung 6

Inhaltsverzeichnis

6.1 Rückblick

Das Konzept der Nachhaltigkeit erfährt in der aktuellen Denk- und Handlungsweise beim Städtebau eine ansteigende Relevanz. Denn ein Großteil der Bevölkerung ist sich der Tatsache bewusst, dass die Handlungen der Gegenwart die Lebensweise künftiger Generationen beeinflussen wird. In diesem Kontext ist insbesondere auf historische Katastrophen hinzuweisen, die die Aufmerksamkeit der Öffentlichkeit auf sich ziehen. Als Beispiel kann hier die Flutkatastrophe im Ahrtal im Jahr 2021 angeführt werden.

Eine Konsequenz dieser nachhaltigen Denkweise ist bspw. die Integration von Grünflächen in das urban geprägte Umfeld der Städte. Dies erfolgt mittels unterschiedlicher Begrünungskonzepte, wie der Dach- und Fassadenbegrünung. Die Auswertung der BuGG belegt, dass der Wille hinsichtlich dieser Begrünung kontinuierlich zunimmt. Die jährliche Wachstumsrate von beispielsweise den Gründächern steigt seit 2008 bis 2022 durchschnittlich um jährlich 6,9 %. Im Jahr 2022 wurden auch bereits 146.000 m^2 Fassadenbegrünung umgesetzt, was im Vergleich zum Vorjahr eine Steigerung von 127 % darstellt [1].

Im Folgenden erfolgt eine rückblickende Betrachtung der in Abschn. 1.2 dargelegten Forschungsfragen:

D. Miklosch, *Untersuchung von innovativen Gebäudebegrünungssystemen unter ökologischen Gesichtspunkten im urbanen Umfeld*, Entwicklung neuer Ansätze zum nachhaltigen Planen und Bauen, https://doi.org/10.1007/978-3-658-48659-4_6

1. *Welcher historische Kontext steht hinter den Gebäudebegrünungssystemen?*
2. *Welche innovativen Begrünungssysteme sind auf dem Markt verfügbar, die sich zur Begrünung von Gebäudeaußenflächen, Dächern und Fassaden eignen, und wie sind diese Systeme aufgebaut?*
3. *Welche Regelwerke, Richtlinien und Normen existieren für die Gebäudebegrünung an Dach sowie Fassade und welche Aussagen treffen diese?*
4. *Welche ökologischen Problematiken bestehen in urbanen Räumen und inwiefern kann eine Gebäudebegrünung an der Fassade und auf dem Dach zur Lösung dieser Probleme beitragen?*
5. *Mit welchen ökonomischen Auswirkungen hat ein Bauherr bei der Begrünung der Gebäudeoberflächen zu kalkulieren?*
6. *Welche Eigenschaften muss ein Gebäude aufweisen, um mit bestehenden innovativen Gebäudebegrünungssystemen ausgestattet zu werden?*
7. *Ist es möglich, einen Entscheidungsbaum für Bauherren zu entwickeln, durch den eine Begrünungsvariante festgestellt werden kann, die den individuellen ökologischen Wünschen des Bauherren entspricht?*

Die vorliegende wissenschaftliche Ausarbeitung verdeutlicht zur *ersten Forschungsfrage* nach dem historischen Kontext hinter der Gebäudebegrünung, dass diese bereits seit Jahrtausenden in unterschiedlichen Ausprägungen von den Menschen praktiziert wurde. In neu erbauten Innenstädten wurde die Gebäudebegrünung jedoch für eine Zeitlang nicht mehr angewendet und erfuhr erst in jüngerer Vergangenheit eine Wiederbelebung.

Die Beantwortung der *zweiten Forschungsfrage* hinsichtlich des Bestehens und der Anwendbarkeit von innovativen Gebäudebegrünungssystemen zeigt, dass es eine Vielzahl an innovativen Gebäudebegrünungssystemen gibt, die an die jeweiligen Gebäudecharakteristika adaptierbar sind (vgl. Abschn. 4.2.1). Dazu zählen unter anderem die extensive, intensive, wandgebundene und fassadengebundene Begrünung in verschiedenen Systemvarianten. Diese ermöglichen in den meisten Fällen eine Integration.

In diesem Kontext ist zur Beantwortung der *dritten Forschungsfrage* nach dem Bestehen von Regelwerken, Richtlinien und Normen für Dach- und Fassadenbegrünung zu nennen, dass der Bereich der Gebäudebegrünung bislang nicht umfassend reguliert ist. Die Forschungsgesellschaft Landschaftsentwicklung Landschaftsbau e. V. hat jedoch Richtlinien entwickelt, die den Planern als Anleitung dienen und die Realisierung von Dach- und Fassadenbegrünungen erleichtern. Denn zunehmend wird von den Bauherren und Investoren der Wunsch an die Planer herangetragen, Gebäudebegrünung zu integrieren. Dies erfolgt zum einen dadurch, dass die Gebäudebegrünung diverse ökologische Vorteile bietet, zum anderen, dass die Dachbegrünung für Nachhaltigkeitszertifikate wie dem „Qualitätssiegel Nachhaltiges Gebäude" bei Nichtwohngebäuden vorausgesetzt wird [1, 2].

Die *vierte Forschungsfrage* für diese wissenschaftliche Ausarbeitung befasst sich mit den ökologischen Problematiken im urbanen Gebiet sowie den Maßnahmen zu deren Bewältigung, wobei das Augenmerk auf die Dach- und Fassadenbegrünung aus Kap. 2 gelegt wird. Die ökologischen Vorteile gegenüber den urbanen Problemen sind anhand diverser Messungen belegt und bringen einen erkennbaren Mehrwert für das urbane Umfeld. In diesem Kontext sind insbesondere die Vorteile der Temperaturreduzierung, Wasserspeicherung, Belastungsreduktion, Biodiversität, Schallschutz und psychologischen Auswirkungen zu nennen, welche an mehreren Gebäuden nachgewiesen sind [3, 4, 7].

Hinsichtlich der *fünften Forschungsfrage* zu den ökonomischen Auswirkungen der Gebäudebegrünung ist jedoch zu berücksichtigen, dass bei der Kalkulation der Baukosten insbesondere in der Bauphase und in der Instandhaltung entsprechende Mehrkosten entstehen, welche sich jedoch über den Nutzungszeitraum amortisieren. In diesem Kontext sind gemäß Abschn. 4.2.2 auch Kosten-Nutzen-Analysen durchzuführen, um die ökologischen Intentionen des Bauherrn zu berücksichtigen.

Die Beantwortung der *sechsten Forschungsfrage* nach den technischen Eigenschaften, welche ein Gebäude zur Begrünung aufweisen muss, erfolgt durch die in Abb. 4.1 und 4.2 dargestellten, entwickelten Entscheidungsbäume für die Fassade und das Dach in Verbindung mit dem Abschn. 4.2.1. Denn es gilt stets zu eruieren, welche Form der Gebäudebegrünung unter Berücksichtigung der vorliegenden Gebäudeeigenschaften grundsätzlich realisierbar ist. Diesbezüglich eignen sich die beiden Entscheidungsbäume zur Anwendung.

Die *siebte Forschungsfrage* hinsichtlich der Entwicklungsmöglichkeit eines ökologischen Entscheidungsbaumes kann zudem aufgrund von Abschn. 4.4 positiv beantwortet werden, da in der praktischen Prüfung in Kap. 5 ein realisierbares Ergebnis erzielt wurde. Der Entscheidungsbaum basiert dabei auf qualitativen Interessen, da im Verlauf der Ausarbeitung festgestellt wurde, dass eine Bemessung der Begrünung mit konkreten Werten im Allgemeinen nicht möglich ist. Denn jede Gebäudebegrünung zeigt in unterschiedlichen Umfeldern und bei diversen Ansprüchen verschiedene Auswirkungen. Dies ist darauf zurückzuführen, dass die Biologie der Pflanze variiert und folglich keine allgemeingültige Wirkung ableitbar ist. Es kann jedoch abgeleitet werden, dass mit einer Zunahme an Begrünung und Substrat eine Verbesserung der qualitativen Auswirkungen einhergeht. Diese These wurde im Rahmen eines Telefonats mit einem marktführenden Begrünungsunternehmen validiert.

6.2 Ausblick

Die vorliegende wissenschaftliche Ausarbeitung verdeutlicht die vielfältigen Auswirkungen einer Gebäudebegrünung, welche sowohl in Form einer Dach- als auch einer Fassadenbegrünung erfolgen kann. Im *ökologischen Kapitel* findet eine Betrachtung der folgenden Themen statt: Die Temperatur wird reduziert, Wasser gespeichert, die Belastung verringert, die Biodiversität gefördert, Schallschutz gewährleistet und psychologische positive Auswirkungen beobachtet. Es besteht jedoch weiterhin *Forschungsbedarf*. Diesbezüglich sei auf exemplarische Vor-Ort-Untersuchungen verwiesen; zudem sind einige Untersuchungen bereits älteren Datums, wie Mann, G. [5] beispielsweise im Kontext der Schallschutzuntersuchungen beschreibt [5]. In Bezug auf den Schallschutz lässt sich beispielsweise ein Delta in der Hinsicht des Körperschalls in dB(A) feststellen, welches durch die verschiedenen Arten der Gebäudebegrünung unterschiedlich verbessert wird. Um die Auswirkungen der Gebäudebegrünung auf den neuesten Stand zu bringen und deren Leistungsfähigkeit zu ermitteln, sind daher aktualisierte Messungen und Untersuchungen erforderlich. Des Weiteren ist es erforderlich die Begrünungssysteme in den einzelnen Kategorien der Leistungsfaktoren allgemeinen, standardisierten Prüfungen zu unterziehen, um eine *Vergleichbarkeit der Ergebnisse* zu gewährleisten. Unterschiedliche Bedingungen, beispielsweise bei den Schallmessungen, führen zu inkongruenten Resultaten, da die Messungen aus verschiedenen Entfernungen oder auf unterschiedlichen Frequenzebenen erfolgen und somit keine Vergleichbarkeit gegeben ist. Folglich ist zu erforschen, wie die Begrünungssysteme, unabhängig des Faktors „lediglich mehr Grün und Substrat", vergleichbar in ihrem Leistungspotenzial werden.

Des Weiteren sind forschungsrelevante Entwicklungen im Bereich nachhaltiger Konzepte zu beobachten und deswegen immer wieder hinsichtlich ihrer ökologischen Auswirkungen zu evaluieren. Denn „*die Nachhaltigkeit ist ein dynamisches Konzept, das immer wieder auf den neuesten Stand der Erkenntnisse und der Möglichkeiten zu bringen ist […]*" [6].

Der entwickelte *Entscheidungsbaum* ist folglich an die neuen, erforschten Erkenntnisse anzupassen und somit weiterzuentwickeln, damit die Bauherrn, Planer usw. eine stets optimale und aktuelle Entscheidungsgrundlage für ihre nächsten Schritte haben.

Darüber hinaus ist eine Prüfung der weiteren bestehenden Konzepte der innerstädtischen Begrünung auf ihre Wirkung erforderlich, da auch die *Innenraumbegrünung, die Straßenraumbegrünung, innovative Gärten, Mischformen bei der Gebäudebegrünung, integrierte Photovoltaikanlagen sowie die Tunnelbegrünung* verschiedene positive Wirkungen haben. In diesem Zusammenhang besteht die Möglichkeit, modifizierte Entscheidungsbäume auf Grundlage der in Abschn. 4.4 visualisierten Entscheidungshilfe zu entwickeln. Dadurch kann die „Stadt von morgen" an die Herausforderungen „von heute" angepasst werden, was den Nutzern und der Umwelt zugutekommt. In diesem Kontext ist eine Relation zwischen den Wirkungen und den monetären Aspekten zu berücksichtigen. Zudem ist zu evaluieren, welche *umweltschädlichen Nebenwirkungen* die Systeme während der Herstellung generieren. Denn die Produktion von Pflanztrögen, Lieferungen und Montage setzt ebenfalls Treibhausgase frei. Daher ist auch eine Analyse in dieser Hinsicht erforderlich.

Zudem ist der Entscheidungsbaum auch anhand *planungsrechtlicher Anforderungen* weiterzuentwickeln, da diese im Rahmen dieser wissenschaftlichen Ausarbeitung abgegrenzt wurden. In diesem Kontext sind beispielsweise die *brandschutztechnischen Kriterien* zu nennen. Diese sind für eine optimale Beratung der Entscheidungsträger zu berücksichtigen, da ohne sie bei einem Brandfall eine Gefahr für Leib und Leben der Nutzer entstehen kann oder keine Baugenehmigung für die Begrünung ausgestellt wird. Die genannten Aspekte sowie weitere planungsrechtliche Aspekte, die von Städten vorgegeben werden, sind in weiteren wissenschaftlichen Ausarbeitungen zu eruieren und in bspw. Entscheidungshilfen oder anderen Formate zu verfassen.

Literatur

1. Bundesverband GebäudeGrün e. V.: BuGG – Marktreport Gebäudegrün 2023: Dach-, Fassaden- und Innenraumbegrünung Deutschland, ISSN: 2750-3763, 2023.
2. Bundesministerium für Wohnen, Stadtentwicklung und Bauwesen (BMWSB): Anlage 3 zum Handbuch des Qualitätssiegels Nachhaltiges Gebäude, Version 1.4, 2024.

3. Pfoser, N.: Fassade und Pflanzen – Potenziale einer neuen Fassadengestaltung, Dissertation, Technische Universität Darmstadt, 2016.
4. Köhler, M. et al.: Handbuch Bauwerksbegrünung, 2. Auflage, Verlagsgesellschaft Rudolf Müller GmbH & Co. KG, Köln, 2022.
5. Bundesverband GebäudeGrün e. V.: https://www.gebaeudegruen.info/aktuelles/news/details/untersuchungsergebnisse-zur-laermminderung, [Zugriff am: 25.08.2024].
6. Meckmann, F.: Nachhaltiges Bauen – Anforderungen und Handlungsempfehlungen für die Anwendung der Leistungsbilder der HOAI, Dissertation, Technische Universität Graz, 2019.
7. Pfoser, N. et al.: Gebäude, Begrünung und Energie – Potenziale und Wechselwirkungen, Forschungsbericht, Technische Universität Darmstadt, 2013.

Anhang

D. Miklosch, *Untersuchung von innovativen Gebäudebegrünungssystemen unter ökologischen Gesichtspunkten im urbanen Umfeld*, Entwicklung neuer Ansätze zum nachhaltigen Planen und Bauen, https://doi.org/10.1007/978-3-658-48659-4

Anhang 1

Übersicht der deutschen Städte mit Förderprogrammen mit finanziellen Zuschüssen für Dach- bzw. Fassadenbegrünungen (Stand 11/2021)

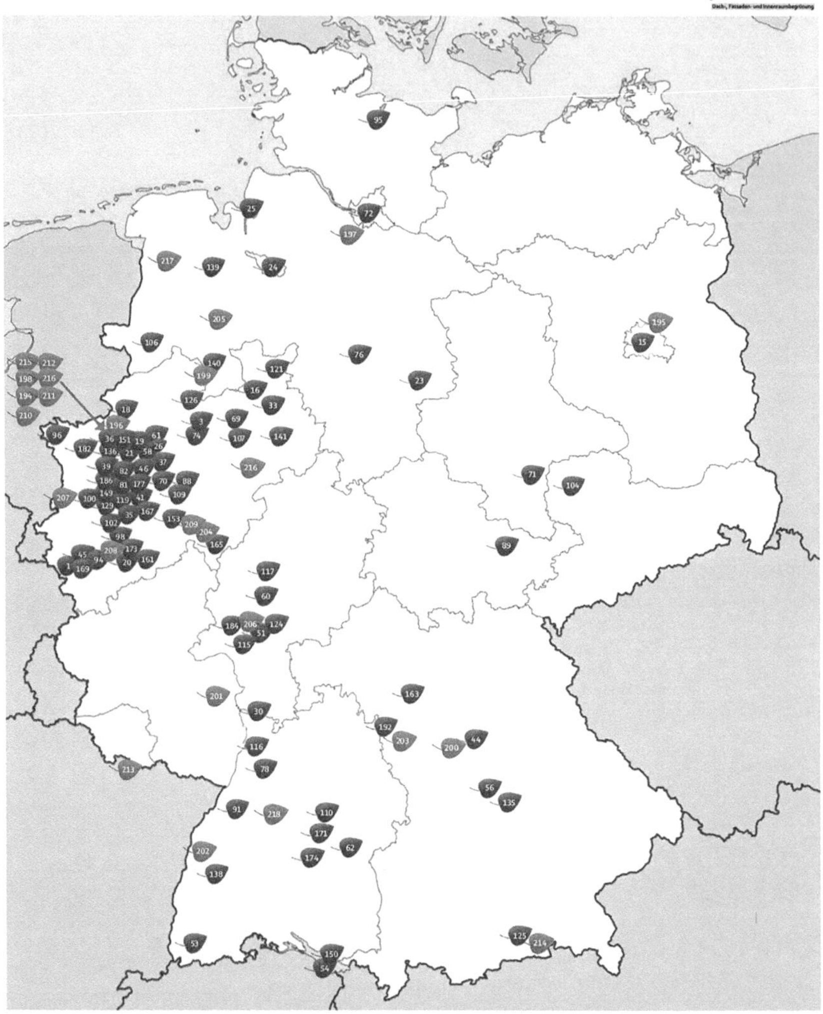

Nr.	Stadt	Nr.	Stadt	Nr.	Stadt	Nr.	Stadt	Nr.	Stadt	Nr.	Stadt
1	Aachen	36	Dorsten	69	Gütersloh	98	Köln	126	Münster	167	Solingen
3	Ahlen	37	Dortmund	70	Hagen	100	Krefeld	129	Neuss	169	Stolberg
15	Berlin	39	Duisburg	71	Halle	102	Langenfeld	135	Nürnberg	171	Stuttgart
16	Bielefeld	41	Düsseldorf	72	Hamburg	104	Leipzig	136	Oberhausen	173	Troisdorf
18	Bocholt	44	Erlangen	74	Hamm	106	Lingen (Ems)	138	Offenburg	174	Tübingen
19	Bochum	45	Eschweiler	76	Hannover	107	Lippstadt	139	Oldenburg	177	Velbert
20	Bonn	46	Essen	78	Heidelberg	109	Lüdenscheid	140	Osnabrück	182	Wesel
21	Bottrop	51	Frankfurt a. M.	81	Herne	110	Lugwigsburg	141	Paderborn	184	Wiesbaden
23	Braunschweig	53	Freiburg i. Br.	82	Herten	115	Mainz	149	Ratingen	186	Willich
24	Bremen	54	Friedrichshafen	88	Iserlohn	116	Mannheim	150	Ravensburg	192	Würzburg
25	Bremerhaven	56	Fürth	89	Jena	117	Marburg	151	Recklinghausen		
26	Castrop-Rauxel	58	Gelsenkirchen	91	Karlsruhe	119	Meerbusch	153	Remscheid		
30	Darmstadt	60	Gießen	94	Kerpen	121	Minden	161	Sankt Augustin		
33	Detmold	61	Gladbeck	95	Kiel	124	Mühlheim a. d. R.	163	Schweinfurt		
35	Dormagen	62	Göppingen	96	Kleve	125	München	165	Siegen		

Städte unter 50.000 E (194 - 218).

GPSR Compliance

The European Union's (EU) General Product Safety Regulation (GPSR) is a set of rules that requires consumer products to be safe and our obligations to ensure this.

If you have any concerns about our products, you can contact us on ProductSafety@springernature.com

In case Publisher is established outside the EU, the EU authorized representative is:

Springer Nature Customer Service Center GmbH
Europaplatz 3
69115 Heidelberg, Germany

Batch number: 08985732

Printed by Printforce, the Netherlands